职业教育网络信息安全专业"十三五"规划教材

网络互联安全技术

主　编　林聪太　　王恒心
参　编　刘小华　　项邦孟
　　　　吴建国　　程文渭

机械工业出版社

INFORMATION SECURITY

　　本书采用"教学项目+工作任务"的形式，按照"项目+任务"组织结构设计了网络安全基础、配置链路层安全、配置网络层安全、配置应用层安全、防火墙技术、隧道与入侵检测等6个项目。

　　本书语言通俗易懂，并配有大量的图示说明，既适合作为职业院校计算机网络安全专业的教学用书，也可以作为相关专业的培训教材和自学用书。

　　为便于教学，本书配有电子课件，选择本书作为教材的教师可来电（010-88379194）索取，或登录网站www.cmpedu.com，注册后免费下载。

图书在版编目（CIP）数据

网络互联安全技术/林聪太，王恒心主编. —北京：机械工业出版社，2019.5

职业教育网络信息安全专业"十三五"规划教材

ISBN 978-7-111-62334-2

Ⅰ．①网… Ⅱ．①林…②王… Ⅲ．①互联网络－安全技术－职业教育－教材 Ⅳ．①TP393.408

中国版本图书馆CIP数据核字（2019）第054481号

机械工业出版社（北京市百万庄大街22号　邮政编码100037）

策划编辑：梁　伟　　　责任编辑：梁　伟　郑　华
责任校对：马立婷　　　封面设计：鞠　杨
责任印制：孙　炜

北京中兴印刷有限公司印刷

2019年5月第1版第1次印刷

184mm×260mm・10.25印张・258千字

0 001—3 000册

标准书号：ISBN　978-7-111-62334-2

定价：29.00元

职业教育网络信息安全专业"十三五"规划教材编写委员会

主　任：邓志良（中国职业技术教育学会信息化工作委员会）

副主任：王　健（全国工业和信息化职业教育教学指导委员会计算机专业指导委员会）

　　　　龙　翔（湖北生物科技职业学院）

　　　　杨　诚（常州信息职业技术学院）

　　　　韩　竹（宁波职业技术学院）

　　　　佘运祥（杭州市电子信息职业学校）

　　　　韩立凡（中国职业技术教育学会信息化工作委员会）

　　　　梁　伟（机械工业出版社）

　　　　徐雪鹏（中科软科技股份有限公司）

委员（按姓氏拼音排序）：

曹　恒	曾俊文	曾　琳	程文渭	杜春立	高　扩	葛　睿	葛　宇
龚　强	胡志齐	黄超强	黄　琨	黄水萍	贾鹏宇	贾世奎	贾秀明
姜睿波	李传波	李　赫	李　坤	李绍坤	李宇鹏	梁江峰	梁　毅
林聪太	刘小华	刘小强	刘旭晨	卢小娜	陆发芹	马丽红	马振超
钱　雷	乔得琢	邱　节	任燕军	史　文	史云鹏	宋玉玲	孙雨春
陶玮栋	王恒心	王　帅	王晓茹	王　鑫	王永进	吴家海	吴建国
项邦孟	邢　予	徐小娟	杨晓燕	杨智浩	岳大安	张宝慧	张　弛
张东菊	张　基	张治平	赵　飞	赵　军	周　茂	邹贵财	邹君雨

参与编写学校：

北京市昌平职业学校	北京市信息管理学校
北京市黄庄职业高中	佛山市顺德区胡锦超职业技术学校
北京市经济管理学校	广州市信息工程学校

杭州市电子信息职业学校	石家庄电子信息学校
河北定州中学	石家庄市第二十四中学
河北经济管理学校	石家庄市高级技工学校
胶州市职业教育中心学校	石家庄市职业技术教育中心
宁夏职业技术学院	天津机电职业技术学院
衢州市衢江区职业中专	天津市经济贸易学校
上海信息技术学校	温州市职业中等专业学校
深圳市宝安职业教育集团	武汉市第一商业学校
沈阳市信息工程学校	

支持企业：

中科软科技股份有限公司

北京中科磐云科技有限公司

前言

随着网络技术的不断发展，越来越多的人依靠计算机网络进行工作、学习和娱乐，计算机网络已经成为我们日常生活、工作的一部分。

本教材面向计算机网络安全专业所涉及的职业岗位，从岗位工作目标出发，对典型工作任务所需要的知识和能力结构进行分析。采用"项目＋任务"的形式，按照"项目—任务"组织结构，设计了6个教学项目，分别是：网络安全基础、配置链路层安全、配置网络层安全、配置应用层安全、防火墙技术、隧道与入侵检测。每个项目由若干个任务组成，每个任务包含任务描述、任务分析、任务实现、知识链接、拓展练习5个部分。"任务描述"对当前任务需要掌握的操作和需要了解的理论进行讲解；"任务分析"对当前任务进行分解以及对需要的知识进行准备；"任务实现"是当前任务的主要组成部分，用"步骤＋图示"的方式对具体操作过程进行分解展示，可由教师演示、学生记录或学生自己根据步骤和图示进行独立操作；"知识链接"介绍与当前任务相关的名词、原理等理论知识或操作常识，由教师根据教学实际情况进行课堂教学或指导学生课后阅读；"拓展练习"是通过问题的形式对当前任务进行巩固、强化和拓展延伸，需要学生课后去操作、讨论和调查，以弥补当前任务所学知识的局限性。

本教材的每个任务都是在考虑职业院校学生的学习基础和教学环境实际情况的基础上，选择日常学习和工作中经常遇到的典型工作案例进行教学处理，重点培养学生的实际动手操作能力和素养，培养学生提出问题、分析问题和解决问题的综合能力，强调学生在"做中学"，教师在"做中教"。建议教师采用理实一体化教学模式，先指导学生掌握工作任务中的相关操作技能之后，再通过问题讨论、交流、归纳、类比等活动形式了解相关的理论知识，即在掌握如何做的基础上再了解为什么这样做，以满足学生今后就业和职业发展的需求。建议教师精心设计教学过程，在教学过程中关注学生个体之间的差异，努力使每位学生都有成功的学习经验，在学习相关知识与技能时培养学生诚实、守信、重实践、肯动脑、愿与同伴沟通与合作的品质，提高学生的职业能力。

全书共72个课时，其中项目1可安排16课时，项目2可安排12课时，项目3可安排12课时，项目4可安排12课时，项目5可安排12课时，项目6可安排8课时。本书由林聪太、王恒心任主编。其中项目1由林聪太编写，项目2由王恒心编写，项目3由项邦孟编写，项目4由刘小华编写，项目5由吴建国编写，项目6由程文渭编写。全书由林聪太统稿。

由于编者水平有限，书中难免有疏漏和不妥之处，请各位专家、老师、读者指正。

编　者

目 录

目　录

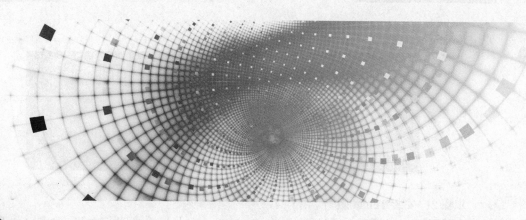

项目1 网络安全基础

如果要从事网络安全管理工作，就需要了解网络安全，那什么是网络安全？它是指网络系统的硬件、软件及其系统中的数据受到保护，不因偶然的或者恶意的原因而遭受破坏、更改、泄露，系统连续可靠正常地运行，网络服务不中断，也就是机密性、完整性、可用性等。另外，研究网络安全经常需要对网络数据包进行分析。

任务1 认识机密性

【任务描述】

银河网络公司的一台服务器需要实施远程管理。王强是该公司的系统管理员，他希望通过配置 Telnet 服务来实现远程管理。该服务的网络安全性怎么样呢？王强通过 Wireshark 软件抓取 Telnet 流量来分析网络通信的机密性，并根据分析结果来决定是否采用 Telnet 服务来实施服务器的远程管理。

【任务分析】

一台服务器要进行远程管理，可以先安装 Telnet 服务，接着进行一些简单的配置，然后运行 Telnet 服务，最后在一台客户机上进行远程登录测试。要想了解 Telnet 的安全性，就需要使用 Wireshark 这样的软件进行全过程抓包，并对所抓的包进行分析。

具体步骤如下：

1）在 CentOS 服务器中配置一个 Telnet 服务。

2）在客户机上运行 Telnet 程序，进行登录验证。

3）在客户机上运行 Wireshark 软件抓取流量并进行分析。

【任务实现】

请按照如下操作步骤完成 Telnet 服务抓包分析操作，并对其安全性进行验证。

步骤1：设置 CentOS 虚拟机的 IP 地址。

打开 CentOS 虚拟机，设置 IP 地址为 172.16.2.1/24，操作命令为 ifconfig eth0 172.16.2.1/24，再

使用 ifconfig eth0 命令进行检验，如图 1-1 所示。

图 1-1　IP 地址的设置

步骤 2：安装 Telnet 服务。

在配置好 yum 源后，通过 yum install telnet-server -y 命令进行安装，如图 1-2 所示。

图 1-2　安装 Telnet 服务

步骤 3：配置 Telnet 服务。

通过 vi /etc/xinetd.d/telnet 命令修改配置，将参数 disable = yes 修改为 disable = no，如图 1-3 所示。

图 1-3　修改 Telnet 配置文件

步骤 4：开启 Telnet 服务。

通过 service xinetd restart 命令重启 xinetd 服务来开启 Telnet 服务，如图 1-4 所示。

图 1-4　开启 Telnet 服务

步骤 5：检查 Telnet 服务是否已开启。

通过 netstat-tnlp 命令来检查，观测 23 号端口是否在监听，如图 1-5 所示。

步骤 6：开启抓包软件。

打开 Wireshark 软件，利用"本地连接"开始抓包，如图 1-6 所示。

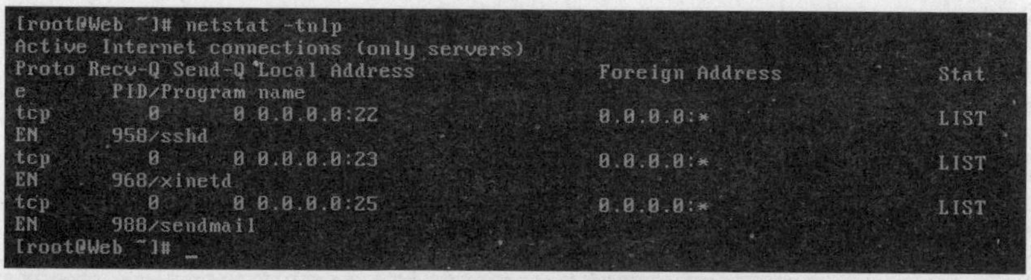

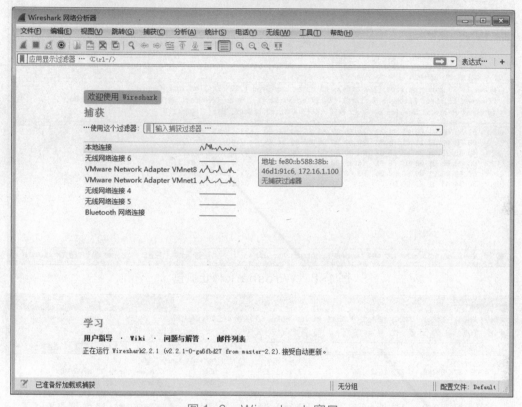

图 1-5　确认端口已打开

图 1-6　Wireshark 窗口

步骤 7：通过 Telnet 实施服务器的远程管理。

在客户端上执行远程登录命令 Telnet 172.16.2.1，并输入用户名和密码，如图 1-7 所示。

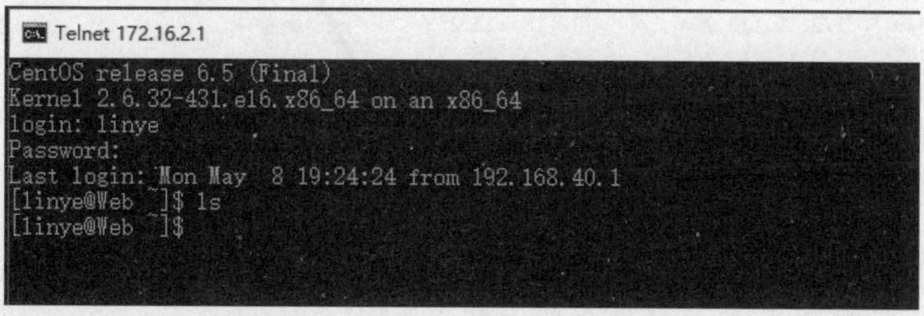

图 1-7　Telnet 远程登录

步骤 8：结束抓包。

在 Wireshark 软件中单击停止抓包按钮，如图 1-8 所示。

步骤 9：追踪 Telnet 数据流。

在 Wireshark 窗口中选中 Protocol 内容为 "TELNET" 的行，右击打开快捷菜单，选择 "追踪流→ TCP 流"，Wireshark 软件会帮助分析 Telnet 数据流，操作如图 1-9 所示。

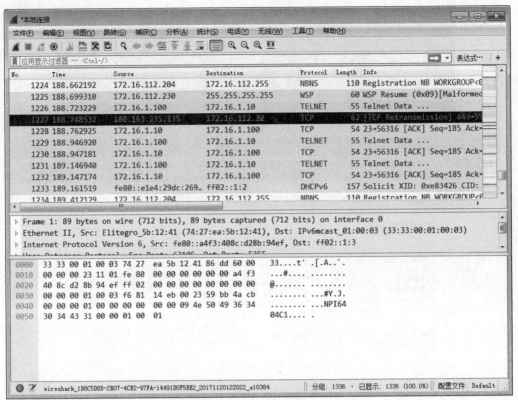

图 1-8　Wireshark 停止抓包

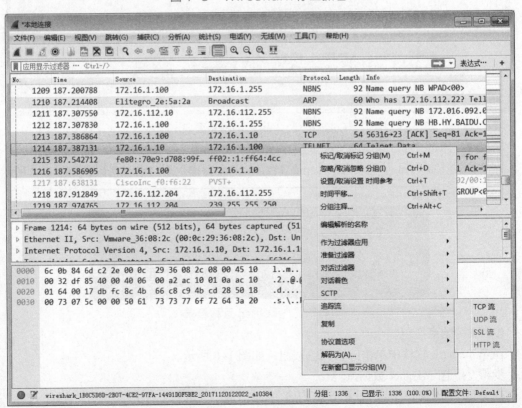

图 1-9　TCP 流追踪

步骤 10：分析 Telnet 数据流。

从数据流中可以看出本次通信的用户为"linye"，密码为"123.com"，如图 1-10 所示。

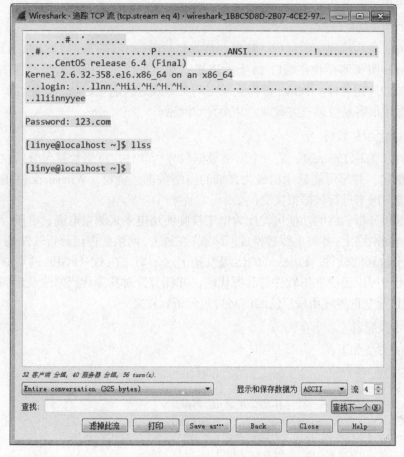

图 1-10　Telnet 数据流分析

通过上述的抓包实验，可以看出 Telnet 服务在通信过程中采用了明文密码形式，在 Internet 中若使用这种服务来实施远程管理，毫无机密性可言。因此实验得出的结论是：从安全角度考虑，系统管理员王强不应该使用 Telnet 服务来实施服务器的远程管理。

【知识链接】

1. 机密性

数据机密性保证即使消息被捕获，它也不能被破解，也就是信息不被泄露给非授权的用户、实体或过程，即信息只为授权用户所使用。数据机密性确定隐私，使得只有接收者能够阅读消息。通常可以通过加密来实现数据机密性，加密是对数据进行扰码的过程，这样未经授权的通信方就无法阅读这些数据。采用多种工具和协议，密码加密能够在 OSI 模型（Open System Interconnection Reference Model，开放式系统互联通信参考模型）的多个层提供机密性。

1）专有的链路加密设备提供数据链路层的机密性。

2）网络层协议，例如，IPSec 协议族，提供网络层机密性。

3）SSL（Secure Sockets Layer，安全套接层）或 TLS（Transport Layer Security，传输层

安全）这类协议提供会话层机密性。

4）安全电子邮件、安全数据库会话（Oracle SQL * net）和安全消息传递（Lotus Notes 会话）提供应用层机密性。

2. Telnet 协议

运行 Telnet 客户端程序的远程计算机，是如何与运行 Telnet 服务器程序的计算机进行通信的呢？ Telnet 服务器接收在端口 23 上的连接，并通过伪终端驱动器将远程 Telnet 客户端连接到服务器的应用程序。Telnet 数据流采用明文方式进行通信，缺乏机密性，用户名和密码等敏感数据包很容易被第三方截取，从而导致泄密。

3. Wireshark 软件

Wireshark（前称 Ethereal）是一个网络数据包分析软件。网络数据包分析软件的功能是抓取网络数据包，并尽可能显示出最为详细的网络数据包资料。Wireshark 使用 WinPcap 作为接口，直接与网卡进行数据报文交换。

网络数据包分析软件的功能可类比为电工技师使用电表来测量电流、电压、电阻——只是将场景移植到网络上，并将电线替换成网络线。在过去，网络数据包分析软件是非常昂贵的，或是专门用于盈利的软件。Ethereal 的出现改变了这一切。在 GNU/GPL 通用许可证的保障范围下，使用者可以免费取得软件与其源代码，并拥有针对其源代码修改及定制化的权利。Wireshark 是目前全世界应用最广泛的网络封包分析软件之一。

4. yum 源配置

配置 yum 方法如下：

```
cd /etc/yum.repos.d/
mkdir bak
mv CentOS-Base.repo bak   ;移动文件到 bak 目录
mv CentOS-Debuginfo.repo bak   ;移动文件到 bak 目录
mv CentOS-Vault.repo bak   ;移动文件到 bak 目录
通过 vi CentOS-Media.repo 修改以下两行：
    gpgcheck=0
    enabled=1
按 :wq 保存退出。
```

【拓展练习】

1）通过 Wireshark 抓取 SSH 数据包并验证 SSH 协议是否是明文通信。

2）银河网络公司网络管理员王强应该采用 Telnet 服务还是 SSH 服务。

3）通过 Wireshark 抓取 HTTP 数据包并验证 HTTP 协议是否是明文通信。

任务 2　认识完整性

【任务描述】

银河网络公司的上网采用代理服务，员工的上网都是通过代理服务器进行。王强希望了解代理服务的安全性，如果代理服务器被人攻破，那么用户的请求很可能被篡改，普通用户根本不知道自己的请求被篡改，从而导致安全事故的发生。

【任务分析】

　　要分析网络数据在通信时是否可以被修改，需要一台代理服务器，然后在客户机浏览器中设置代理，最后在客户机上通过浏览器来访问网站，在这过程中通过修改 HTTP 请求来进行分析。

　　具体步骤如下：

　　1）在 Kali Linux 服务器中配置一个代理服务。

　　2）在客户机上运行浏览器程序进行网页访问。

　　3）在 Kali Linux 服务器中拦截网页访问请求，同时修改访问的网页地址。

　　4）在客户机浏览器上观察网页访问结果并进行分析。

【任务实现】

　　请按照如下操作步骤完成代理设置操作，并通过浏览器访问对其完整性进行验证。

　　步骤 1：设置 Kali Linux 虚拟机的代理服务。

　　打开 Kali Linux 虚拟机，通过"应用程序→ Web 程序→ burpsuite"打开代理程序，选择"Proxy"标签，再选择"Options"子标签，单击"Add"按钮添加选项，在"Bind to port"框中输入"8080"，在"Bind to address"中选择本机地址，最后单击"OK"按钮，如图 1–11 所示。

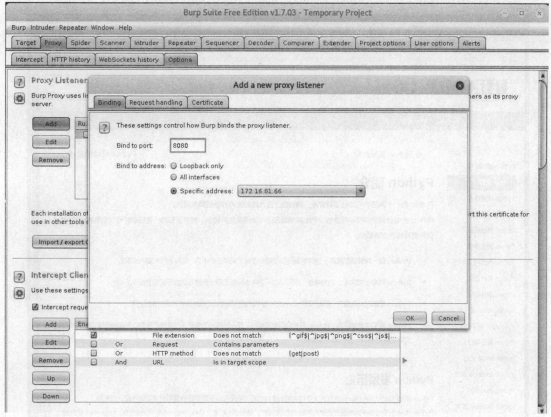

图 1–11　代理服务设置

　　步骤 2：客户机中浏览器的代理设置。

　　打开 Chrome 浏览器，逐次点击"设置→高级设置→打开代理设置→局域网（LAN）设置"，勾选"为 LAN 使用代理服务器"选项，如图 1–12 所示。

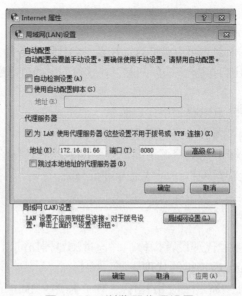

图 1-12　浏览器代理设置

步骤 3：使用浏览器打开网页。

在地址栏中输入 http://www.runoob.com/python/python-intro.html，如图 1-13 所示。

图 1-13　Chrome 浏览器内容

步骤 4：开启代理拦截服务。

打开"Proxy → Intercept"，单击"Intercept is off"按钮，开启 Telnet 服务，如图 1-14 所示。

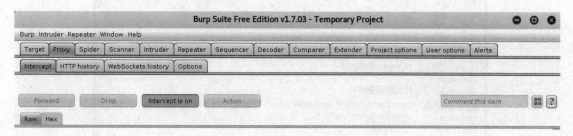

图 1-14　开启代理拦截服务

步骤 5：再一次使用浏览器打开网页，修改 HTTP 请求数据包。

在地址栏中输入 http://www.runoob.com/python/python-basic-syntax.html，回到 Kali Linux 修改 GET /python/python-operators.html HTTP/1.1，然后单击"Forward"按钮，如图 1-15 所示。

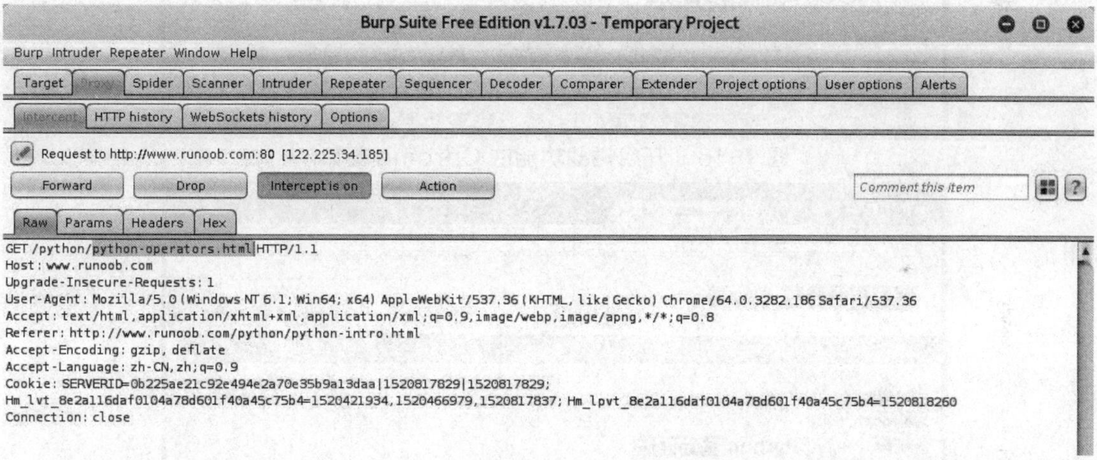

图 1-15　修改 HTTP 请求行

步骤 6：观察浏览结果。

观察 Chrome 浏览器的内容，如图 1-16 所示。

步骤 7：关闭代理拦截功能，再访问同一网页。

在地址栏中输入 http://www.runoob.com/python/python-operators.html，如图 1-17 所示。

步骤 8：关闭客户端代理。

打开 Chrome 浏览器，依次打开"设置→高级设置→打开代理设置→局域网（LAN）设置"，取消勾选"为 LAN 使用代理服务器"选项，如图 1-18 所示。

通过上述代理实验，可以看出 HTTP 请求在通信过程中可以被第三方拦截，同时可以被修改，在 Internet 中若使用这种服务毫无完整性可言。因此实验得出的结论是：从安全角度考虑，系统管理员王强要考虑数据的完整性，通信过程中信息不能被第三方修改，若被第三方修改，应该有一种识别机制。

图 1-16　开启拦截功能的 Chrome 窗口

图 1-17　关闭拦截功能后的 Chrome 窗口

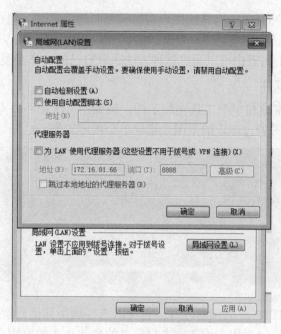

图 1-18　客户端取消代理设置

【知识链接】

1. 完整性

数据完整性是指传输、存储信息或数据的过程中，确保信息或数据不被未授权的用户篡改或在篡改后能够被迅速发现。

2. Web 代理服务

代理服务器（Proxy Server）是介于浏览器和 Web 服务器之间的一台服务器，有了它之后，浏览器不是直接到 Web 服务器去取回网页，而是向代理服务器发出 Request（请求），Request 请求会先送到代理服务器，由代理服务器来取回浏览器所需要的信息并传送给发出请求的浏览器。大部分代理服务器都具有缓冲的功能，就好像一个大的 Cache，它有很大的存储空间，不断将新取得的数据储存到它本机的存储器上。如果浏览器所请求的数据在它本机的存储器上已经存在而且是最新的，那么它就不重新从 Web 服务器取数据，而直接将存储器上的数据传送给用户的浏览器，这样能显著提高浏览速度和效率。

更重要的是，代理服务器是 Internet 链路级网关所提供的一种重要的安全功能，它主要工作在 OSI 模型的会话层，其功能主要有以下 5 点。

1）突破自身 IP 访问限制访问国外站点，如教育网、169 网等网络的用户可以通过代理访问国外网站。

2）访问一些单位或团体内部资源，如某大学 FTP（前提是该代理地址在该资源的允许访问范围之内）。使用教育网内地址段的免费代理服务器，就可以用于对教育网开放的各类 FTP 下载上传，以及各类资料查询共享等服务。

3）突破运营商的 IP 封锁。某些运营商用户有很多网站是被限制访问的，这种限制是人为的，不同服务器对地址的封锁是不同的，所以不能访问时，可以换一个国外的代理服务器试试。

4）提高访问速度。通常代理服务器都设有一个较大的硬盘缓冲区，当有外界的信息通过时，就会被保存在缓冲区中。当其他用户再访问相同的信息时，则直接由缓冲区中取出信息，传给用户，以提高访问速度。

5）隐藏真实 IP。上网者也可以通过这种方法隐藏自己的 IP，免受攻击。

3. Burp Suite 软件

Burp Suite 能高效率地与单个工具一起工作，例如，一个中心站点地图用于汇总收集到的目标应用程序信息，并通过确定的范围来指导单个程序工作。

在一个工具处理 HTTP 请求和响应时，它可以选择调用其他任意的 Burp 工具。例如，代理记录的请求可被 Intruder 用来构造一个自定义的自动攻击的准则，也可被 Repeater 用来手动攻击，还可被 Scanner 用来分析漏洞，或者被 Spider（网络爬虫）用来自动搜索内容。应用程序可以是"被动地"运行，而不是产生大量的自动请求。Burp Proxy 把所有通过的请求和响应解析为连接和形式，同时站点地图也相应地更新。由于完全地控制了每一个请求，你就可以以一种非入侵的方式来探测敏感的应用程序。

当浏览网页（这取决于定义的目标范围）时，通过自动扫描经过代理的请求就能发现安全漏洞。

IBurpExtender 可以用来扩展 Burp Suite 和单个工具的功能。一个工具处理的数据结果，可以被其他工具随意使用，并产生相应的结果。

【拓展练习】

1）通过 Wireshark 抓取 TCP 数据包。
2）通过 Wireshark 抓取 UDP 数据包。
3）通过 Wireshark 抓取 HTTP 数据包并验证 HTTP 协议是否是明文通信。

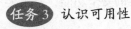 认识可用性

【任务描述】

银河网络公司的网络经常断线，王强是该公司的系统管理员，他了解了断线原因是单点故障，希望通过提高可用性来保障不断网。

【任务分析】

单出口网络因为出口出现问题，网络就变得不可用了，这种故障称之为单点故障。要想

提高可用性，我们可以将网络改造成多出口的网络；一旦一个出口出现问题，会自动切换到另一个出口，从而解决单点故障问题。

【任务实现】

请按照如下操作步骤完成网络设置，并对可用性进行验证。

步骤1：单击"开始"→"所有程序"→"Cisco Packet Tracer"→"Cisco Packet Tracer"，打开"Cisco Packet Tracer"窗口，在交换设备中添加一台交换机。

步骤2：从终端设备中添加3台PC模拟要上网的计算机，然后接入网络，如图1-19所示。

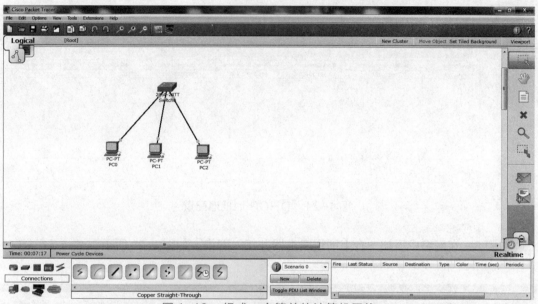

图1-19　组成一个简单的计算机网络

步骤3：添加DHCP服务器，并设置服务器的IP地址、子网掩码、网关等，如图1-20所示。

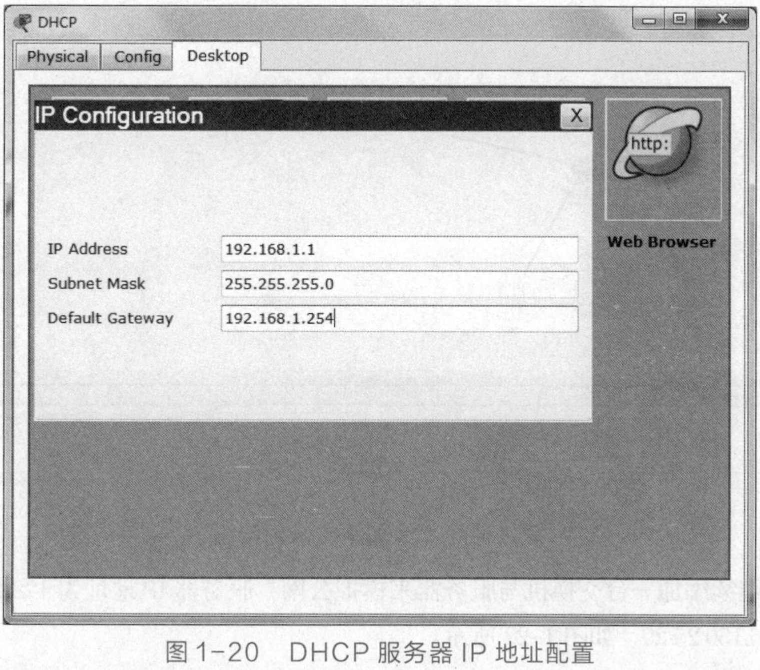

图1-20　DHCP服务器IP地址配置

步骤4：配置 DHCP 地址池，如图 1-21 所示。

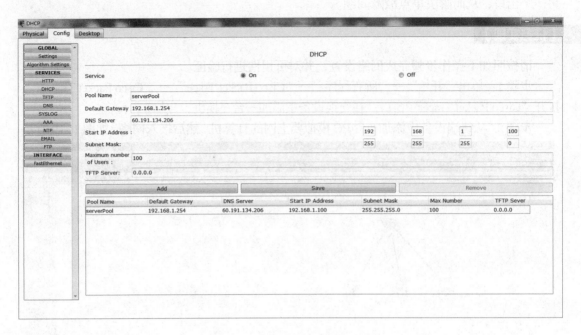

图 1-21　DHCP 地址池配置

步骤5：在网络中添加一台上网用路由器并接入网络，如图 1-22 所示。

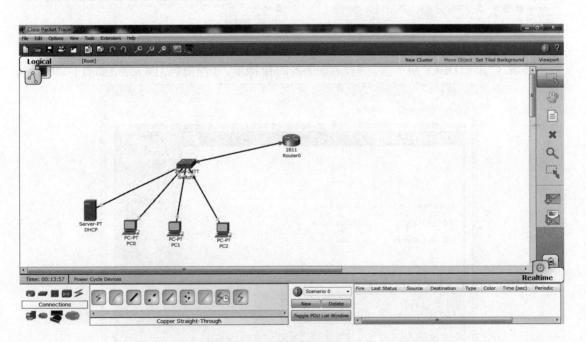

图 1-22　添加路由器到网络

步骤6：继续添加一台交换机与服务器来模拟公网，服务器 IP 地址为 122.226.150.26/29，网关为 122.226.150.25/29，如图 1-23 所示。

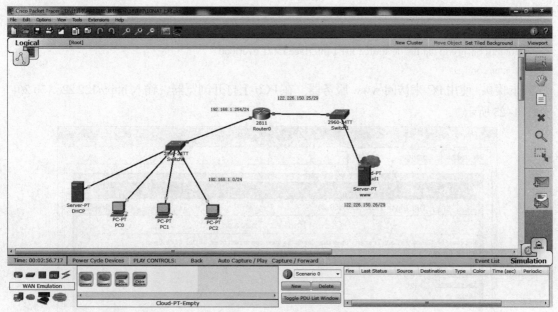

图 1-23　模拟公网

步骤 7：配置路由器 R0，如图 1-24 所示。

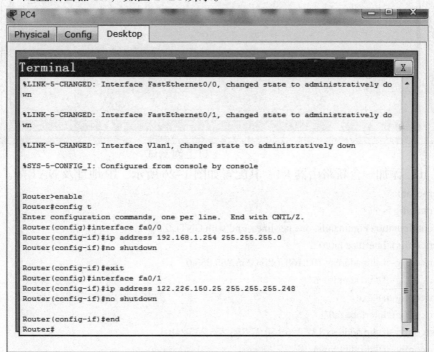

图 1-24　路由器配置

步骤 8：在 R0 上配置 NAT 服务，实现上网功能。

Router(config)#access-list 1 permit any

Router(config)#int fa0/0

Router(config-if)#ip nat inside

Router(config-if)#exit

Router(config)#int fa0/1

Router(config–if)#ip nat outside

Router(config–if)#exit

Router(config)#ip nat inside source list 1 interface fa0/1 overload

Router(config)#

步骤9：使用 PC 来访问 www 服务器。在 PC0 上打开浏览器，输入 http://122.226.150.26，如图 1-25 所示。

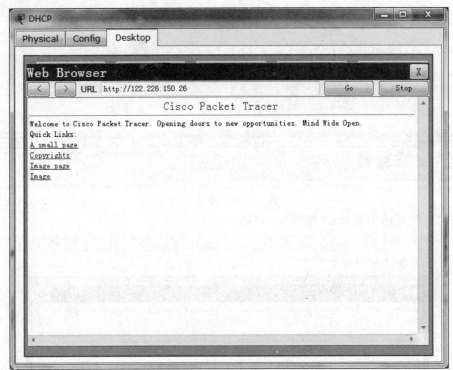

图 1-25　主机上网测试

步骤10：添加一台新路由器 R1，其配置如图 1-26 所示，IP 地址及 NAT 等。

Router>enable

Router#config t

Enter configuration commands, one per line. End with CNTL/Z.

Router(config)#interface fa0/0

Router(config–if)#ip address 192.168.1.253 255.255.255.0

Router(config–if)#no shutdown

Router(config–if)#exit

Router(config)#interface fa0/1

Router(config–if)#ip address 122.226.150.27 255.255.255.248

Router(config–if)#no shutdown

Router(config–if)#end

Router#config t

Router(config)#access–list 1 permit any

Router(config)#int fa0/0

Router(config–if)#ip nat inside

Router(config–if)#exit

Router(config)#int fa0/1

Router(config–if)#ip nat outside

```
Router(config-if)#exit
Router(config)#ip nat inside source list 1 interface fa0/1 overload
Router(config)#
```

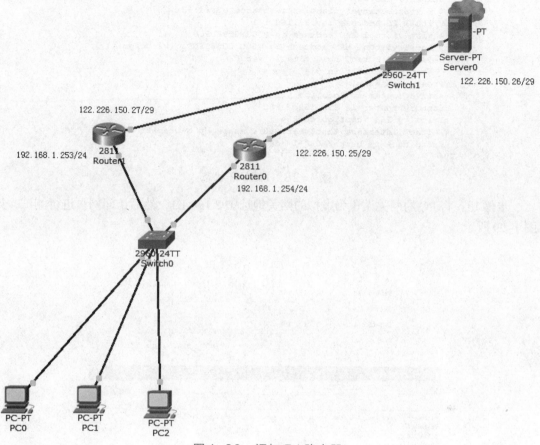

图 1-26　添加 R1 路由器

步骤 11: 配置 HSRP（Hot Standby Router Protocol，热备份路由器协议），实现高可用性，如图 1-27 所示。

```
R0(config)#
R0(config)#int fa0/0
R0(config-if)#standby 1 ip 192.168.1.1
R0(config-if)#standby 1 priority 254
R0(config-if)#standby 1 pr
%HSRP-6-STATECHANGE: FastEthernet0/0 Grp 1 state Speak -> Standby

%HSRP-6-STATECHANGE: FastEthernet0/0 Grp 1 state Standby -> Active
e
R0(config-if)#standby 1 preempt
R0(config-if)#standby 1 track fa0/1
R0(config-if)#

R1(config)#
R1(config)#int fa0/0
R1(config-if)#standby 1 ip 192.168.1.1
R1(config-if)#standby 1 priority 100
R1(config-if)#standby 1 pr
%HSRP-6-STATECHANGE: FastEthernet0/0 Grp 1 state Speak -> Standby

% Ambiguous command: "standby 1 pr"
R1(config-if)#standby 1 preempt
R1(config-if)#standby 1 track fa0/1
R1(config-if)#
```

图 1-27　HSRP 配置

步骤 12：检查 HSRP 状态，如图 1-28 所示。

```
R0#show standby
FastEthernet0/0 - Group 1 (version 2)
  State is Active
    6 state changes, last state change 00:24:59
  Virtual IP address is 192.168.1.1
  Active virtual MAC address is 0000.0C9F.F001
    Local virtual MAC address is 0000.0C9F.F001 (v2 default)
  Hello time 3 sec, hold time 10 sec
    Next hello sent in 0.459 secs
  Preemption enabled
  Active router is local
  Standby router is 192.168.1.253
  Priority 254 (configured 254)
    Track interface FastEthernet0/1 state Up decrement 10
  Group name is hsrp-Fa0/0-1 (default)
R0#
```

图 1-28　HSRP 状态

步骤 13：将 PC 的网关设置为虚拟的网关地址 192.168.1.1，然后访问网页进行测试，如图 1-29 所示。

图 1-29　PC 上测试虚拟网关

步骤 14：关闭路由器 R0，模拟路由器处于不能正常工作的状态，继续在 PC 上访问网页进行测试，如图 1-30 所示。

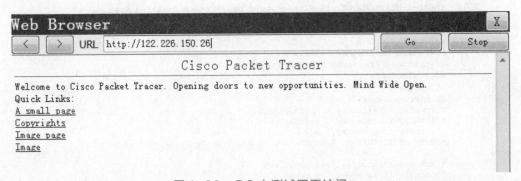

图 1-30　PC 上测试网页访问

步骤 15：在路由器 R1 上检查 HSRP 状态，如图 1-31 所示。

由以上实验可知，通过配置 HSRP 可以解决单个路由器的单点故障问题。

```
%HSRP-6-STATECHANGE: FastEthernet0/0 Grp 1 state Standby -> Active


R1#show standby
FastEthernet0/0 - Group 1 (version 2)
  State is Active
    4 state changes, last state change 00:37:37
  Virtual IP address is 192.168.1.1
  Active virtual MAC address is 0000.0C9F.F001
    Local virtual MAC address is 0000.0C9F.F001 (v2 default)
  Hello time 3 sec, hold time 10 sec
    Next hello sent in 2.524 secs
  Preemption enabled
  Active router is local
  Standby router is unknown
  Priority 100 (default 100)
    Track interface FastEthernet0/1 state Up decrement 10
  Group name is hsrp-Fa0/0-1 (default)
R1#
```

图 1-31　路由器 R1 的 HSRP 状态

【知识链接】

1. 可用性

数据可用性确保系统能够迅速地进行工作，并且不能拒绝对授权用户的服务。

1）数据链路层的生成树协议能提供可用性。

2）网络层协议能提供网络层可用性。

3）传输层协议可提供传输层可用性。

2. HSRP

HSRP 是 Cisco 平台一种特有的技术，是 Cisco 的私有协议。该协议中含有多台路由器，对应一个 HSRP 组。该组中只有一个路由器承担转发用户流量的职责，这就是活动路由器。当活动路由器失效后，备份路由器将承担该职责，成为新的活动路由器。这就是热备份的原理。

实现 HSRP 的条件是系统中有多台路由器，它们组成一个"热备份组"，这个组形成一个虚拟路由器。在任一时刻，一个组内只有一个路由器是活动的，并由它来转发数据包，如果活动路由器发生了故障，将选择一个备份路由器来替代活动路由器，但是在本网络内的主机看来，虚拟路由器没有改变。所以主机仍然保持连接，不会受到故障的影响，这样就较好地解决了路由器切换的问题。

为了减少网络的数据流量，在设置完活动路由器和备份路由器之后，只有活动路由器和备份路由器定时发送 HSRP 报文。如果活动路由器失效，备份路由器将接管成为活动路由器。如果备份路由器失效或者变成了活跃路由器，将由另外的路由器作为备份路由器。

在实际的局域网中，可能有多个热备份组并存或重叠。每个热备份组模仿一个虚拟路由器工作，它有一个 Well-known-MAC 地址和一个 IP 地址。该 IP 地址、组内路由器的接口地址、主机在同一个子网内，但是不能一样。当在一个局域网上有多个热备份组存在时，把主机分布到不同的热备份组，可以使负载得到分担。

3. VRRP

在功能上，VRRP（Virtual Router Redundancy Protocol，虚拟路由冗余协议）和 HSRP 非常相似，但是就安全而言，VRRP 与 HSRP 相比较，有一个主要优势：它允许参与 VRRP 组的设备间建立认证机制。并且，不像 HSRP 那样要求虚拟路由器不能是其中一个路由器的 IP 地址，VRRP 允许这种情况发生（如果"拥有"虚拟路由器地址的路由器被建立并且正在运行，那么应该总是由这个虚拟路由器管理—— 等价于 HSRP 中的活动路由器），但是为了确保万一失效发生的时候，终端主机不必重新学习 MAC 地址，它指定使用 MAC 地址 00-00-5e-00-01-VRID，这里的 VRID 是虚拟路由器的 ID（等价于一个 HSRP 的组标识符）。

另外一个不同是 VRRP 不使用 HSRP 中的政变或者一个等价消息，VRRP 的状态机比 HSRP 的要简单，HSRP 有 6 个状态 [初始状态（Initial），学习状态（Learn），监听状态（Listen），对话状态（Speak），备份状态（Standby），活动状态（Active）] 和 8 个事件，VRRP 只有 3 个状态 [初始状态（Initialize）、主状态（Master）、备份状态（Backup）] 和 5 个事件。

HSRP 有 3 种报文，而且有 3 种状态可以发送报文，即：呼叫（Hello）报文、告辞（Resign）报文和突变（Coup）报文。VRRP 只有一种报文，即广播报文，这种报文由主路由器定时发出来通告它的存在，使用这些报文可以检测虚拟路由器各种参数，还可以用于主路由器的选举。

HSRP 将报文承载在 UDP 报文上，而 VRRP 承载在 IP 报文上（HSRP 使用 UDP 1985 端口，向组播地址 224.0.0.2 发送 hello 消息）。

在 VRRP 安全方面，VRRP 协议包括 3 种主要的认证方式：无认证、简单的明文密码和使用 MD5 HMAC IP 认证的强认证。

强认证方法使用 IP 认证头（AH）协议。AH 是与用在 IPSEC 中相同的协议，AH 为认证 VRRP 分组中的内容和分组头提供了一个方法。MD5 HMAC 的使用表明使用一个共享的密钥用于产生 Hash（哈希）值。路由器发送一个 VRRP 分组产生 MD5 Hash 值，并将它置于要发送的通告中。在接收时，接收方使用相同的密钥和 MD5 值，重新计算分组内容和分组头的 Hash 值。如果结果相同，这个消息就是真正来自于一个可信赖的主机，如果不相同，则必须丢弃，这可以防止攻击者通过访问 LAN 而发出能影响选择过程的通告消息或者其他一些方法中断网络。

另外，VRRP 包括一个保护 VRRP 分组不会被另外一个远程网络添加内容的机制（设置 TTL 值 =255，并在接受时检查），这限制了可以进行本地攻击的大部分缺陷。而另一方面，HSRP 在它的消息中使用的 TTL 值是 1。

VRRP 的崩溃间隔时间：3×通告间隔 + 时滞时间（skew time）

【拓展练习】

（1）在 GNS3 软件中实现 VRRP 虚拟网关。
（2）关闭其中一台路由器进行可用性的测试。

 任务 4　加密——保证机密性

【任务描述】

在网络安全日益受到关注的今天，加密技术在各方面的应用也越来越突出。银河网络公

司需要实现文件加密、电子邮件加密 / 解密等目的，管理员王强使用 PGP 软件进行加密。

【任务分析】

加密软件有很多种类，PGP 是其中一款非常流行的加密软件，它可以完成 DES、3DES、AES 等方式加密。具体步骤如下：

1）一台 Linux 服务器。

2）实现 DES 加密

3）实现 3DES 加密

4）实现 AES 加密

【任务实现】

步骤 1：准备好需要加密的文件 /etc/passwd。

将 /etc/passwd 文件复制到 /tmp 目录，然后查看 passwd 文件，如图 1–32 所示。

```
[root@desktopx tmp]# cp /etc/passwd .
[root@desktopx tmp]# ls
passwd
[root@desktopx tmp]# hexdump -C passwd
00000000  72 6f 6f 74 3a 78 3a 30  3a 30 3a 72 6f 6f 74 3a  |root:x:0:0:root:|
00000010  2f 72 6f 6f 74 3a 2f 62  69 6e 2f 62 61 73 68 0a  |/root:/bin/bash.|
00000020  62 69 6e 3a 78 3a 31 3a  31 3a 62 69 6e 3a 2f 62  |bin:x:1:1:bin:/b|
00000030  69 6e 3a 2f 73 62 69 6e  2f 6e 6f 6c 6f 67 69 6e  |in:/sbin/nologin|
00000040  0a 64 61 65 6d 6f 6e 3a  78 3a 32 3a 32 3a 64 61  |.daemon:x:2:2:da|
00000050  65 6d 6f 6e 3a 2f 73 62  69 6e 3a 2f 73 62 69 6e  |emon:/sbin:/sbin|
00000060  2f 6e 6f 6c 6f 67 69 6e  0a 61 64 6d 3a 78 3a 33  |/nologin.adm:x:3|
00000070  3a 34 3a 61 64 6d 3a 2f  76 61 72 2f 61 64 6d 3a  |:4:adm:/var/adm:|
00000080  2f 73 62 69 6e 2f 6e 6f  6c 6f 67 69 6e 0a 6c 70  |/sbin/nologin.lp|
00000090  3a 78 3a 34 3a 37 3a 6c  70 3a 2f 76 61 72 2f 73  |:x:4:7:lp:/var/s|
000000a0  70 6f 6f 6c 2f 6c 70 64  3a 2f 73 62 69 6e 2f 6e  |pool/lpd:/sbin/n|
000000b0  6f 6c 6f 67 69 6e 0a 73  79 6e 63 3a 78 3a 35 3a  |ologin.sync:x:5:|
000000c0  30 3a 73 79 6e 63 3a 2f  73 62 69 6e 3a 2f 62 69  |0:sync:/sbin:/bi|
000000d0  6e 2f 73 79 6e 63 0a 73  68 75 74 64 6f 77 6e 3a  |n/sync.shutdown:|
000000e0  78 3a 36 3a 30 3a 73 68  75 74 64 6f 77 6e 3a 2f  |x:6:0:shutdown:/|
000000f0  73 62 69 6e 3a 2f 73 62  69 6e 2f 73 68 75 74 64  |sbin:/sbin/shutd|
00000100  6f 77 6e 0a 68 61 6c 74  3a 78 3a 37 3a 30 3a 68  |own.halt:x:7:0:h|
00000110  61 6c 74 3a 2f 73 62 69  6e 3a 2f 73 62 69 6e 2f  |alt:/sbin:/sbin/|
00000120  68 61 6c 74 0a 6d 61 69  6c 3a 78 3a 38 3a 31 32  |halt.mail:x:8:12|
00000130  3a 6d 61 69 6c 3a 2f 76  61 72 2f 73 70 6f 6f 6c  |:mail:/var/spool|
00000140  2f 6d 61 69 6c 3a 2f 73  62 69 6e 2f 6e 6f 6c 6f  |/mail:/sbin/nolo|
00000150  67 69 6e 0a 6f 70 65 72  61 74 6f 72 3a 78 3a 31  |gin.operator:x:1|
00000160  31 3a 30 3a 6f 70 65 72  61 74 6f 72 3a 2f 72 6f  |1:0:operator:/ro|
00000170  6f 74 3a 2f 73 62 69 6e  2f 6e 6f 6c 6f 67 69 6e  |ot:/sbin/nologin|
00000180  0a 64 62 75 73 3a 78 3a  38 31 3a 38 31 3a 53 79  |.dbus:x:81:81:Sy|
00000190  73 74 65 6d 20 6d 65 73  73 61 67 65 20 62 75 73  |stem message bus|
000001a0  3a 2f 3a 2f 73 62 69 6e  2f 6e 6f 6c 6f 67 69 6e  |:/:/sbin/nologin|
000001b0  0a                                                |.|
000001b1
[root@desktopx tmp]#
```

图 1–32　准备要加密的文件

步骤 2：使用 DES 方式加密文件。

使用 openssl 程序的 enc 加密模块，加密方式为 DES，加密输入文件为 passwd，加密输出文件为 passwd_des，加密的密钥为“123.com”，如图 1–33 所示。

```
[root@desktopx tmp]# openssl enc -des -e -in passwd -out passwd_des -pass pass:123.com
[root@desktopx tmp]#
```

图 1–33　DES 文件加密

步骤3：查看 DES 方式解密文件。

通过 hexdump－C passwd_des 命令查看文件内容，比较加密前后文件内容的变化，如图 1-34 所示。

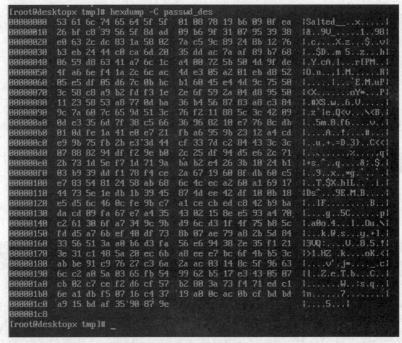

图 1-34　DES 文件查看

步骤4：使用 DES 方式解密文件。

使用 openssl 程序的 enc 加密模块，解密方式为 DES，解密输入文件为 passwd_des，解密输出文件为 plain_des.txt，解密的密钥为"123.com"，如图 1-35 所示。

```
[root@desktopx tmp]# openssl enc -des -d -in passwd_des -out plain_des.txt -pass pass:123.com
[root@desktopx tmp]#
```

图 1-35　DES 文件解密

步骤5：比较解密后的文件与原文件。

使用 diff passwd plain_des.txt 进行对比，若无输出，则表示完全相同，如图 1-36 所示。

```
[root@desktopx tmp]# diff passwd plain_des.txt
[root@desktopx tmp]#
```

图 1-36　DES 解密后的文件与原文件比较

步骤6：使用 3DES 方式加密文件。

使用 openssl 程序的 enc 加密模块，加密方式为 3DES，加密输入文件为 passwd，加密输出文件为 passwd_3des，加密的密钥为"123.com"，如图 1-37 所示。

```
[root@desktopx tmp]# openssl enc -des3 -e -in passwd -out passwd_3des -pass pass:123.com
[root@desktopx tmp]#
```

图 1-37　3DES 文件加密

步骤7：查看 3DES 方式解密文件。

通过 hexdump－C passwd_3des 命令查看文件内容，比较加密前后文件内容的变化，如图 1-38 所示。

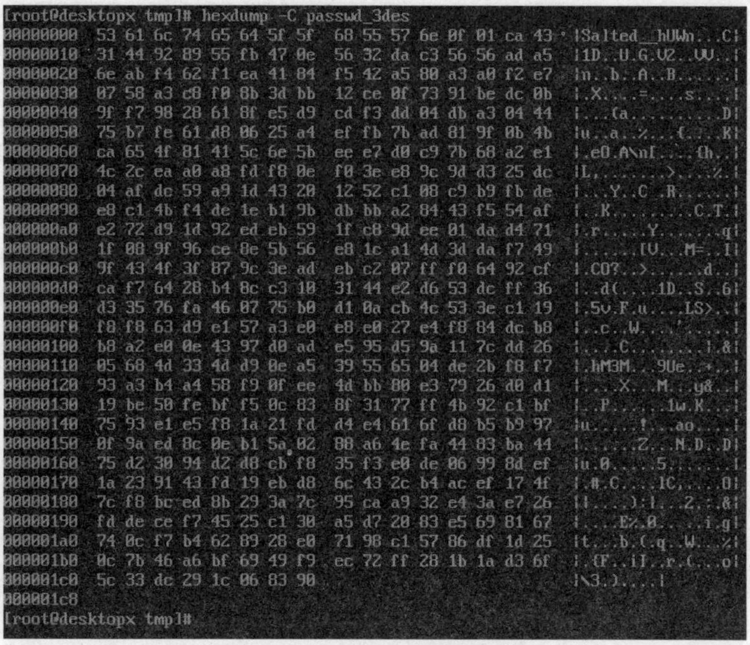

图 1-38　3DES 文件查看

步骤 8：使用 3DES 方式解密文件。

使用 openssl 程序的 enc 加密模块，解密方式为 3DES，解密输入文件为 passwd_3des，解密输出文件为 plain_3des.txt，解密的密钥为"123.com"，如图 1-39 所示。

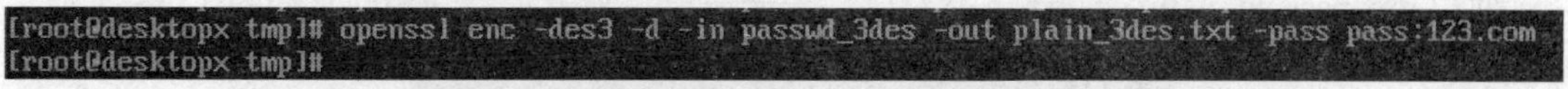

```
[root@desktopx tmp]# openssl enc -des3 -d -in passwd_3des -out plain_3des.txt -pass pass:123.com
[root@desktopx tmp]#
```

图 1-39　3DES 文件解密

步骤 9：比较解密后的文件与原文件。

使用 diff passwd plain_3des.txt 进行对比，若无输出，则表示完全相同，如图 1-40 所示。

```
[root@desktopx tmp]# diff passwd plain_3des.txt
[root@desktopx tmp]#
```

图 1-40　3DES 解密后的文件与原文件比较

步骤 10：使用 AES 方式加密文件。

使用 openssl 程序的 enc 加密模块，加密方式为 AES，加密输入文件为 passwd，加密输出文件为 passwd_aes，加密的密钥为"123.com"，如图 1-41 所示。

```
[root@desktopx tmp]# openssl enc -aes128 -e -in passwd -out passwd_aes -pass pass:123.com
[root@desktopx tmp]# _
```

图 1-41　AES 文件加密

步骤 11：查看 AES 方式解密文件。

通过 hexdump –C passwd_aes 命令查看文件内容，比较加密前后文件内容的变化，如图 1-42 所示。

步骤 12：使用 AES 方式解密文件。

使用 openssl 程序的 enc 加密模块，解密方式为 AES，解密输入文件为 passwd_aes，解密输出文件为 plain_aes.txt，解密的密钥为"123.com"，如图 1-43 所示。

```
[root@desktopx tmp]# hexdump -C passwd_aes
00000000  53 61 6c 74 65 64 5f 5f  23 7a 7e 2a a8 48 8c cf  |Salted__#z~*.H..|
00000010  98 29 ab 95 b9 1f 71 0b  94 13 e8 a7 03 37 cc fa  |.)....q......7..|
00000020  04 6d 28 7f 3f a9 c8 bc  17 0e 1f 93 7f be 7b 5b  |.m(.?.........{[|
00000030  f7 46 2d 39 46 64 33 c0  e2 b8 ea 1d 55 83 73 9d  |.F-9Fd3.....U.s.|
00000040  c6 b3 2a f5 dc 40 3d a4  29 e4 cb 8c 13 45 f6 89  |..*..@=.)....E..|
00000050  c1 38 72 44 64 98 ca b0  e1 14 de be 61 b8 56 66  |.8rDd.......a.Vf|
00000060  0f 21 55 c8 48 e5 3f 39  bb 22 89 fc 22 24 f9 24  |.!U.H.?9.".."$.$|
00000070  3b 67 7a 2d 5b 3d fc 89  c2 13 bb ab ce 70 96 82  |;gz-[=.......p..|
00000080  e3 3b 18 5b 29 8b 81 b7  26 88 87 4d 45 74 5b 97  |.;.[)...&..MEt[.|
00000090  d2 36 b1 81 ca 67 ac b4  c2 a5 34 29 1b ca 3f 7c  |.6...g....4)..?||
000000a0  10 bf a4 52 37 f6 c6 06  18 d8 16 2c f6 cd a0 8f  |...R7......,....|
000000b0  04 45 40 44 4d 36 8d 67  6f 96 6a 9e cc a3 6f c9  |.E@DM6.go.j...o.|
000000c0  f5 06 f6 d7 84 43 f2 e4  3a 08 bb b1 4f a2 e7 52  |.....C..:...O..R|
000000d0  75 c1 0f 9f dd ba 2a 20  fb ed c3 1e 57 38 53 02  |u.....* ....W8S.|
000000e0  da e5 2f d3 11 de 06 db  f3 7c 36 61 49 dd cc 3d  |../......|6aI..=|
000000f0  55 d0 60 ea cc 30 5b 8e  8e 86 eb ee 2a 3f 78 de  |U.`..0[.....*?x.|
00000100  e1 33 bd b7 94 4c c3 4c  ff 6a f9 08 f2 3f 4c 43  |.3...L.L.j...?LC|
00000110  95 d2 a4 e2 7e 73 da c0  7c d5 3f 17 83 e6 e2 7a  |....~s..|.?....z|
00000120  b2 12 60 44 b6 eb ee 9c  8d 4d 49 55 20 1e dc d3  |..`D.....MIU ...|
00000130  70 f2 7e 0c df 47 a0 2d  13 35 5e 1a 9b 08 2b de  |p.~..G.-.5^...+.|
00000140  08 ba 9e 41 ac 0e e4 cb  5d 4d eb 5b 78 f3 60 fe  |...A....]M.[x.`.|
00000150  c9 e6 c8 ee 3a 1c 31 d8  2d f9 d2 83 2f 76 62 c3  |....:.1.-.../vb.|
00000160  c9 55 64 3f ce 34 12 d8  92 92 78 ef 61 52 f0 a8  |.Ud?.4....x.aR..|
00000170  cd 77 c2 fe 4f 7a 13 0c  41 87 62 5f 59 64 25 c3  |.w..Oz..A.b_Yd%.|
00000180  19 e0 2b 5a 36 11 65 11  1c 67 ca 94 6a 64 c0 91  |..+Z6.e..g..jd..|
00000190  31 d6 a2 66 b3 53 72 81  10 ca e8 e5 8c 75 6f 25  |1..f.Sr......uo%|
000001a0  db 4d 2a b3 12 30 0b 5a  49 02 97 33 0b 29 58 11  |.M*..0.ZI..3.)X.|
000001b0  e9 7f 64 d0 36 ca d2 a4  ac 8a ff 9e ce 3c 20 ca  |..d.6........< .|
000001c0  3b 79 dc 87 08 97 9b 1b  51 c0 c5 64 7d 36 1b a8  |;y......Q..d}6..|
000001d0
[root@desktopx tmp]# _
```

图 1-42　AES 文件查看

```
[root@desktopx tmp]# openssl enc -aes128 -d -in passwd_aes -out plain_aes.txt -pass pass:123.com
[root@desktopx tmp]# _
```

图 1-43　AES 文件解密

步骤 13：比较解密后的文件与原文件。

使用 diff passwd plain_aes.txt 进行对比，若无输出，则表示完全相同，如图 1-44 所示。

```
[root@desktopx tmp]# diff passwd plain_aes.txt
[root@desktopx tmp]#
```

图 1-44　解密后的文件与原文件比较

通过上面的加密实验，可以看出 DES、3DES、AES 等加密后的文件跟原文件差别很大，完全可以实现保密性，同时也可以通过解密将信息还原。

【知识链接】

1. 对称加密

对称加密采用了对称密码编码技术，它的特点是文件加密和解密使用相同的密钥，即加密密钥也可以用作解密密钥，这种方法在密码学中叫作对称加密算法。

对称加密中涉及的一些名词解释如下所示。

明文：采用密码方法隐蔽和保护机密消息，使未授权者不能提取信息。

密文：用密码将明文变换成另一种隐蔽形式。

加密：进行明文到密文的变换。

解密：由合法接收者从密文中恢复出明文。

加密算法：对明文进行加密时采用的一组规则。

解密算法：对密文解密时采用的一组规则。

密钥：加密算法和解密算法是在一组仅有合法用户知道的秘密信息，即称为密钥控制下进行的，加密和解密过程中使用的密钥分别称为加密密钥和解密密钥。

2. DES 加密

DES（Data Encryption Standard，数据加密标准）使用一个 56 位的密钥以及附加的 8 位奇偶校验位，产生最大 64 位的分组大小。这是一个迭代的分组密码，使用称为 Feistel 的技术，其中将加密的文本块分成两半。使用子密钥对其中一半应用循环功能，然后将输出与另一半进行"异或"运算；接着交换这两半，这一过程会继续下去，但最后一个循环不交换。DES 使用 16 个循环，使用异或、置换、代换、移位操作 4 种基本运算。

3. 3DES 加密

DES 的常见变体是 3DES（三重 DES），使用 168 位的密钥对资料进行 3 次加密的一种机制，它通常（但非始终）提供极其强大的安全性。如果 3 个 56 位的子元素都相同，则 3DES 向后兼容 DES。

4. AES 加密

AES（Advanced Encryption Standard，高级加密标准），在密码学中又称 Rijndael 加密法，是美国联邦政府采用的一种区块加密标准。这个标准用来替代原先的 DES，已经被多方分析且广为全世界所使用。严格地说，AES 和 Rijndael 加密法并不完全一样（虽然在实际应用中二者可以互换），因为 Rijndael 加密法可以支持更大范围的区块和密钥长度：AES 的区块长度固定为 128 比特，密钥长度则可以是 128、192 或 256 比特；而 Rijndael 使用的密钥和区块长度可以是 32 位的整数倍，以 128 位为下限，256 比特为上限，包括 AES-ECB、AES-CBC、AES-CTR、AES-OFB、AES-CFB。

【拓展练习】

1）Windows 7 加密文件系统的使用。
2）PGP 加密软件的使用。
3）GPG 加密软件的使用。

 任务 5 散列函数——保证完整性

【任务描述】

在网络安全日益受到关注的今天，散列技术在各方面的应用也越来越突出。银河网络公司需要实现文件完整性、防止文件被篡改等目的，管理员王强使用 MD5 软件进行散列计算。

【任务分析】

公司希望实现文件完整性，可以对文件进行摘要计算，并将计算结果附上。用户打开得到文件后，重新计算摘要。最后跟原来的摘要比对，若完全一致，说明文件未被修改；若有不一致，说明文件已被篡改。

具体步骤如下：
1）准备一个文件。
2）计算文件摘要。
3）修改文件内容。
4）重新计算文件摘要。

5）比较前后两次文件摘要。

【任务实现】

步骤 1：准备好需要计算 Hash 的文件 /etc/passwd。

将 /etc/passwd 文件复制到 /tmp 目录，然后查看 passwd 文件，如图 1–45 所示。

```
[root@desktopx tmp]# cp /etc/passwd .
[root@desktopx tmp]# ls
passwd
[root@desktopx tmp]# hexdump -C passwd
00000000  72 6f 6f 74 3a 78 3a 30  3a 30 3a 72 6f 6f 74 3a  |root:x:0:0:root:|
00000010  2f 72 6f 6f 74 3a 2f 62  69 6e 2f 62 61 73 68 0a  |/root:/bin/bash.|
00000020  62 69 6e 3a 78 3a 31 3a  31 3a 62 69 6e 3a 2f 62  |bin:x:1:1:bin:/b|
00000030  69 6e 3a 2f 73 62 69 6e  2f 6e 6f 6c 6f 67 69 6e  |in:/sbin/nologin|
00000040  0a 64 61 65 6d 6f 6e 3a  78 3a 32 3a 32 3a 64 61  |.daemon:x:2:2:da|
00000050  65 6d 6f 6e 3a 2f 73 62  69 6e 3a 2f 73 62 69 6e  |emon:/sbin:/sbin|
00000060  2f 6e 6f 6c 6f 67 69 6e  0a 61 64 6d 3a 78 3a 33  |/nologin.adm:x:3|
00000070  3a 34 3a 61 64 6d 3a 2f  76 61 72 2f 61 64 6d 3a  |:4:adm:/var/adm:|
00000080  2f 73 62 69 6e 2f 6e 6f  6c 6f 67 69 6e 0a 6c 70  |/sbin/nologin.lp|
00000090  3a 78 3a 34 3a 37 3a 6c  70 3a 2f 76 61 72 2f 73  |:x:4:7:lp:/var/s|
000000a0  70 6f 6f 6c 2f 6c 70 64  3a 2f 73 62 69 6e 2f 6e  |pool/lpd:/sbin/n|
000000b0  6f 6c 6f 67 69 6e 0a 73  79 6e 63 3a 78 3a 35 3a  |ologin.sync:x:5:|
000000c0  30 3a 73 79 6e 63 3a 2f  73 62 69 6e 3a 2f 62 69  |0:sync:/sbin:/bi|
000000d0  6e 2f 73 79 6e 63 0a 73  68 75 74 64 6f 77 6e 3a  |n/sync.shutdown:|
000000e0  78 3a 36 3a 30 3a 73 68  75 74 64 6f 77 6e 3a 2f  |x:6:0:shutdown:/|
000000f0  73 62 69 6e 3a 2f 73 62  69 6e 2f 73 68 75 74 64  |sbin:/sbin/shutd|
00000100  6f 77 6e 0a 68 61 6c 74  3a 78 3a 37 3a 30 3a 68  |own.halt:x:7:0:h|
00000110  61 6c 74 3a 2f 73 62 69  6e 3a 2f 73 62 69 6e 2f  |alt:/sbin:/sbin/|
00000120  68 61 6c 74 0a 6d 61 69  6c 3a 78 3a 38 3a 31 32  |halt.mail:x:8:12|
00000130  3a 6d 61 69 6c 3a 2f 76  61 72 2f 73 70 6f 6f 6c  |:mail:/var/spool|
00000140  2f 6d 61 69 6c 3a 2f 73  62 69 6e 2f 6e 6f 6c 6f  |/mail:/sbin/nolo|
00000150  67 69 6e 0a 6f 70 65 72  61 74 6f 72 3a 78 3a 31  |gin.operator:x:1|
00000160  31 3a 30 3a 6f 70 65 72  61 74 6f 72 3a 2f 72 6f  |1:0:operator:/ro|
00000170  6f 74 3a 2f 73 62 69 6e  2f 6e 6f 6c 6f 67 69 6e  |ot:/sbin/nologin|
00000180  0a 64 62 75 73 3a 78 3a  38 31 3a 38 31 3a 53 79  |.dbus:x:81:81:Sy|
00000190  73 74 65 6d 20 6d 65 73  73 61 67 65 20 62 75 73  |stem message bus|
000001a0  3a 2f 3a 2f 73 62 69 6e  2f 6e 6f 6c 6f 67 69 6e  |:/:/sbin/nologin|
000001b0  0a                                                |.|
000001b1
[root@desktopx tmp]#
```

图 1–45　准备要加密的文件

步骤 2：使用 MD5 方式计算 Hash 值。

使用 md5sum 工具来计算该文件的 MD5 值，如图 1–46 所示。

```
[root@desktopx etc]# md5sum passwd
401126ae4f40da453d61d0e6b381a09f  passwd
[root@desktopx etc]# _
```

图 1–46　计算文件的 MD5 值

步骤 3：修改 passwd 文件。

创建一个新的用户，用户名为 user6，密码为 123456。再次计算 /etc/passwd 的 MD5 值，如图 1–47 所示。

```
[root@desktopx etc]# useradd user6
[root@desktopx etc]# passwd user6
Changing password for user user6.
New password:
BAD PASSWORD: The password is shorter than 8 characters
Retype new password:
passwd: all authentication tokens updated successfully.
[root@desktopx etc]# md5sum passwd
3d9f44cdd411d20eb215fbd3582a0c22  passwd
[root@desktopx etc]#
```

图 1–47　创建新用户后再次计算文件的 MD5 值

步骤 4：比较前后两个文件的 MD5 值。

再次计算 MD5 值时，MD5 的值明显发生了变化，这是因为添加了新用户，系统修改了

passwd 文件。

步骤 5：还原 passwd 文件。

删除 user6 用户，再次计算 /etc/passwd 的 MD5 值，如图 1-48 所示。

```
[root@desktopx etc]# userdel -r user6
[root@desktopx etc]# md5sum passwd
401126ae4f40da453d61d0e6b381a09f  passwd
[root@desktopx etc]#
```

图 1-48　删除用户后计算文件的 MD5 值

步骤 6：再一次比较前后两个文件的 MD5 值。

计算 MD5 值时，MD5 的值跟没有添加用户前是一样的，说明 passwd 文件与原来文件一致。

步骤 7：使用 SHA 方式计算 Hash 值。

使用 sha1sum 工具来计算该文件的 Hash 值，如图 1-49 所示。

```
[root@desktopx etc]# sha1sum passwd
8c3f0783354e57eb1e7e5c07a531a66da7505cde  passwd
[root@desktopx etc]#
```

图 1-49　SHA 方式计算 Hash 值

步骤 8：修改 passwd 文件。

创建一个新的用户，用户名为 user6，密码为 123456。再次计算 /etc/passwd 的 Hash 值，如图 1-50 所示。

```
[root@desktopx etc]# useradd user6
[root@desktopx etc]# passwd user6
Changing password for user user6.
New password:
BAD PASSWORD: The password is shorter than 8 characters
Retype new password:
passwd: all authentication tokens updated successfully.
[root@desktopx etc]# sha1sum passwd
b926521f56f54b22187709ce8e99adc1f20ecc1e  passwd
[root@desktopx etc]#
```

图 1-50　重新计算文件 Hash 值

步骤 9：比较前后两个文件的 Hash 值。

再次计算 Hash 值时，Hash 值明显发生了变化，这是因为添加了新用户，系统修改了 passwd 文件。

步骤 10：还原 passwd 文件。

删除 user6 用户，再次计算 /etc/passwd 的 Hash 值，如图 1-51 所示。

```
[root@desktopx etc]# userdel -r user6
[root@desktopx etc]# sha1sum passwd
8c3f0783354e57eb1e7e5c07a531a66da7505cde  passwd
[root@desktopx etc]#
```

图 1-51　再次计算文件 Hash 值

步骤 11：再一次比较前后两个文件的 Hash 值。

再次计算 Hash 值时，Hash 的值跟没有添加用户前是一样的，说明 passwd 文件与原来文件一致。

通过上面的实验，可以看出 MD5、SHA 等计算的原文件与修改后的文件 Hash 值差别很大，完全可以实现完整性。

1. 散列函数（Hash Function）

散列函数能提供映射的确定性、单向性和抗冲突性。

（1）单向性是指，给定一个消息 M，根据这一消息，能很容易地计算出散列性 H(M)，但是很难找到满足 x=H(M) 的消息 M。

（2）抗冲突性是指，散列函数 H 将输入字符串映射为更小的输出字符串。如果对于给定的任意消息 M，很难计算找到另一个消息 M′=M，满足 H(M′)=H(M)，则我们说 H 具有弱抗冲突性（Weak Collision Resistance）。如果很难计算找到两个不同的消息 M$_1$ 和 M$_2$，满足 H(M$_1$)=H(M$_2$)，则散列函数 H 具有强抗冲突性（Strong Collision Resistance）。也就是说，在弱抗冲突性中，我们试图避免与特定的消息冲突，在强抗冲突性中，我们试图避免一般的冲突。在一般情况下，证明真实世界中的加密散列函数具有强抗冲突性是一个挑战，所以通常由密码学家提供此性质的实验证据。

2. MD5

MD5 即 Message–Digest Algorithm 5（信息—摘要算法 5），为计算机安全领域广泛使用的一种散列函数，用以提供消息的完整性保护。该算法的文件号为 RFC 1321（R.Rivest, MIT Laboratory for Computer Science and RSA Data Security Inc. April 1992）。是计算机广泛使用的杂凑算法之一，又译为摘要算法、哈希算法，主流编程语言普遍已有 MD5 实现。将数据（如汉字）运算为另一固定长度值，是杂凑算法的基础原理，MD5 的前身有 MD2、MD3 和 MD4。

MD5 算法具有 4 个特点。

① 压缩性：任意长度的数据，算出的 MD5 值长度都是固定的。

② 容易计算：从原数据计算出 MD5 值很容易。

③ 抗修改性：对原数据进行任何改动，哪怕只修改 1 个字节，所得到的 MD5 值都有很大区别。

④ 强抗冲突性：已知原数据和其 MD5 值，想找到一个具有相同 MD5 值的数据（即伪造数据）是非常困难的。

MD5 的作用是让大容量信息在用数字签名软件签署私人密钥前被"压缩"成一种保密的格式（就是把一个任意长度的字节串变换成一定长度的十六进制数字串）。除了 MD5 以外，其中比较有名的还有 sha–1、RIPEMD 以及 Haval 等。

3. SHA

SHA 是一种数据加密算法，该算法经过加密专家多年来的发展和改进已日益完善，现在已成为公认的最安全的散列算法之一，并被广泛使用。该算法的思想是接收一段明文，然后以一种不可逆的方式将它转换成一段（通常更小）密文，也可以简单地理解为取一串输入码（称为预映射或信息），并把它们转化为长度较短、位数固定的输出序列即散列值（也称为信息摘要或信息认证代码）的过程。散列函数值可以说是对明文的一种"指纹"或是"摘要"，所以对散列值的数字签名就可以视为对此明文的数字签名。

安全散列算法 SHA（Secure Hash Algorithm）是美国国家标准技术研究所发布的国家标准 FIPS PUB 180，最新的标准已经于 2008 年更新到 FIPS PUB 180-3。其中规定了 SHA-1、SHA-224、SHA-256、SHA-384 和 SHA-512 这几种单向散列算法。SHA-1、SHA-224 和 SHA-256 适用于长度不超过 2^{64} 二进制位的消息。SHA-384 和 SHA-512 适用于长度不超过 2^{128} 二进制位的消息。

单向散列函数的安全性在于其产生散列值的操作过程具有较强的单向性。如果在输入序列中嵌入密码，那么任何人在不知道密码的情况下都不能产生正确的散列值，从而保证了其安全性。SHA 将输入流按照每块 512 位（64 个字节）进行分块，并产生 20 个字节的被称为信息认证代码或信息摘要的输出。该算法输入报文的长度不限，产生的输出是一个 160 位的报文摘要。输入是按 512 位的分组进行处理的。SHA-1 是不可逆的、防冲突，并具有良好的雪崩效应。

通过散列算法可实现数字签名实现，数字签名的原理是将要传送的明文通过一种函数运算（Hash）转换成报文摘要（不同的明文对应不同的报文摘要），报文摘要加密后与明文一起传送给接收方，接收方将接收的明文产生新的报文摘要与发送方的发来报文摘要解密比较，比较结果一致表示明文未被改动，如果不一致表示明文已被篡改。

MAC（信息认证代码）就是一个散列结果，其中部分输入信息是密码，只有知道这个密码的参与者才能再次计算和验证 MAC 码的合法性。

【拓展练习】

1）使用 SHA256 生成哈希值。
2）使用 SHA512 生成哈希值。
3）练习 GPG 加密软件的使用。

 任务 6　认识 TCP/IP 中数据包格式

【任务描述】

网络通信需要交换数据包，各层的数据包都不一样，比如应用层数据包有 HTTP 包等，传输层数据包有 TCP、UDP 包等，网络层数据包有 IP 包等，数据链路层数据包有 Ethernet 包等。作为管理员，王强认为需要认识这些数据包格式。

【任务分析】

Kali Linux 系统中自带 Scapy 软件。Scapy 软件是使用 Python 编写的一个功能强大的交互式数据包处理程序，可以用来发送、嗅探、解析和伪造网络数据包，常被用到网络渗透测试中。本任务通过该软件创建各种数据包，然后输出数据包格式，最后发送自定义数据包。

1）创建各种数据包。
2）显示数据包。
3）发送数据包。

4）抓取数据包。

【任务实现】

步骤1：认识以太网的数据包格式。

进入 python，然后通过 from scapy.all import * 导入模块，接着生成 Ethernet 数据包，最后显示以太网层数据，如图 1-52 所示。

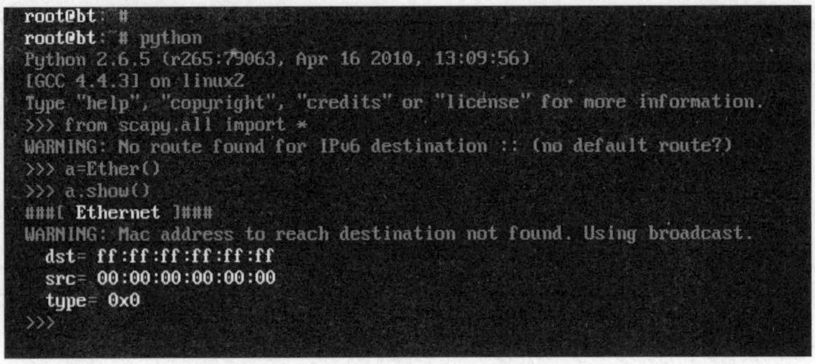

```
root@bt: #
root@bt: # python
Python 2.6.5 (r265:79063, Apr 16 2010, 13:09:56)
[GCC 4.4.3] on linux2
Type "help", "copyright", "credits" or "license" for more information.
>>> from scapy.all import *
WARNING: No route found for IPv6 destination :: (no default route?)
>>> a=Ether()
>>> a.show()
###[ Ethernet ]###
WARNING: Mac address to reach destination not found. Using broadcast.
  dst= ff:ff:ff:ff:ff:ff
  src= 00:00:00:00:00:00
  type= 0x0
>>>
```

图 1-52　以太网层数据

步骤2：认识 IP 数据包格式。

生成并显示 IP 数据包，如图 1-53 所示。

步骤3：认识 ICMP 数据包格式。

通过 IP(dst='172.16.81.111')/ICMP(type=8) 生成 ICMP 数据包，然后显示 ICMP 数据包，如图 1-54 所示。

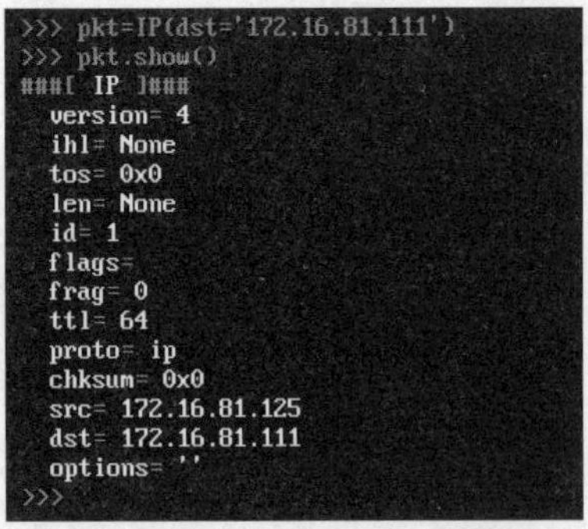

```
>>> pkt=IP(dst='172.16.81.111')
>>> pkt.show()
###[ IP ]###
  version= 4
  ihl= None
  tos= 0x0
  len= None
  id= 1
  flags=
  frag= 0
  ttl= 64
  proto= ip
  chksum= 0x0
  src= 172.16.81.125
  dst= 172.16.81.111
  options= ''
>>>
```

图 1-53　IP 数据包格式

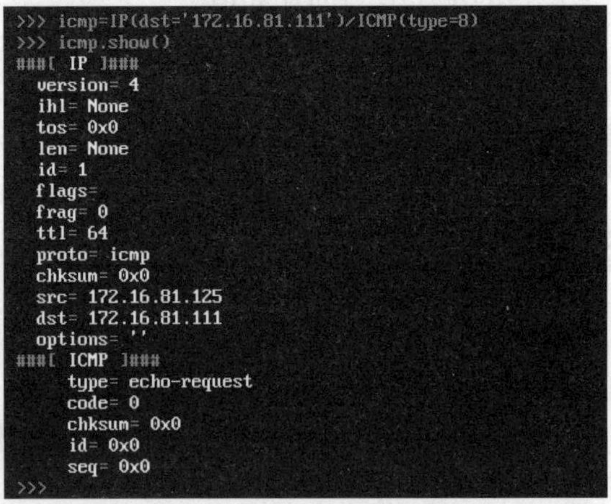

```
>>> icmp=IP(dst='172.16.81.111')/ICMP(type=8)
>>> icmp.show()
###[ IP ]###
  version= 4
  ihl= None
  tos= 0x0
  len= None
  id= 1
  flags=
  frag= 0
  ttl= 64
  proto= icmp
  chksum= 0x0
  src= 172.16.81.125
  dst= 172.16.81.111
  options= ''
###[ ICMP ]###
     type= echo-request
     code= 0
     chksum= 0x0
     id= 0x0
     seq= 0x0
>>>
```

图 1-54　ICMP 数据包格式

步骤4：认识 TCP 数据包格式。

通过 IP()/TCP() 生成 TCP 数据包，然后显示 TCP 数据包，如图 1-55 所示。

步骤5：认识 UDP 数据包格式。

通过 IP()/UDP() 生成 UDP 数据包，然后显示 UDP 数据包，如图 1-56 所示。

步骤6：认识 HTTP 数据包格式。

通过 IP(dst='www.baidu.com')/TCP()/"GET /index.html HTTP/1.0 \n\n" 生成 HTTP 数据包，然后显示数据包，如图 1-57 所示。

```
>>> tcp=IP()/TCP()
>>> tcp.show()
###[ IP ]###
  version= 4
  ihl= None
  tos= 0x0
  len= None
  id= 1
  flags=
  frag= 0
  ttl= 64
  proto= tcp
  chksum= 0x0
  src= 127.0.0.1
  dst= 127.0.0.1
  options= ''
###[ TCP ]###
     sport= ftp_data
     dport= www
     seq= 0
     ack= 0
     dataofs= None
     reserved= 0
     flags= S
     window= 8192
     chksum= 0x0
     urgptr= 0
     options= {}
>>>
```

图 1-55　TCP 数据包格式

```
>>> udp=IP()/UDP()
>>> udp.show()
###[ IP ]###
  version= 4
  ihl= None
  tos= 0x0
  len= None
  id= 1
  flags=
  frag= 0
  ttl= 64
  proto= udp
  chksum= 0x0
  src= 127.0.0.1
  dst= 127.0.0.1
  options= ''
###[ UDP ]###
     sport= domain
     dport= domain
     len= None
     chksum= 0x0
>>>
```

图 1-56　UDP 数据包格式

```
>>> a=IP(dst='www.baidu.com')/TCP()/"GET /index.html HTTP/1.0 \n\n"
>>> a.show()
###[ IP ]###
  version= 4
  ihl= None
  tos= 0x0
  len= None
  id= 1
  flags=
  frag= 0
  ttl= 64
  proto= tcp
  chksum= 0x0
  src= 172.16.112.170
  dst= Net('www.baidu.com')
  options= ''
###[ TCP ]###
     sport= ftp_data
     dport= www
     seq= 0
     ack= 0
     dataofs= None
     reserved= 0
     flags= S
     window= 8192
     chksum= 0x0
     urgptr= 0
     options= {}
###[ Raw ]###
        load= 'GET /index.html HTTP/1.0 \n\n'
>>>
```

图 1-57　HTTP 数据包格式

步骤 7：认识 TCP SYN 扫描。

使用 sr1(IP(dst="172.16.81.111")/TCP(dport=80,flags="S"))，页面如图 1-58 所示。

```
>>> sr1(IP(dst="172.16.81.111")/TCP(dport=80,flags="S"))
Begin emission:
.Finished to send 1 packets.

Received 2 packets, got 1 answers, remaining 0 packets
<IP version=4L ihl=5L tos=0x0 len=44 id=0 flags=DF frag=0L ttl=62 proto=tcp chksum=0x2292 src=172.16.81.111 dst=172.16.112.170
options='' |<TCP sport=www dport=ftp_data seq=2583249921L ack=1 dataofs=6L reserved=0L flags=SA window=65535 chksum=0x9f7c urgp
tr=0 options=[('MSS', 1460)] |<Padding load='\x00\x00' |>>>
>>>
```

图 1-58　TCP SYN 扫描

步骤8：抓取数据包。

通过 sniff(iface='eth1',prn=lambda x: x.show())，如图 1-59 所示。

```
###[ Ethernet ]###
  dst= ff:ff:ff:ff:ff:ff
  src= 74:27:ea:5b:11:f1
  type= 0x806
###[ ARP ]###
     hwtype= 0x1
     ptype= 0x800
     hwlen= 6
     plen= 4
     op= who-has
     hwsrc= 74:27:ea:5b:11:f1
     psrc= 172.16.112.10
     hwdst= 00:00:00:00:00:00
     pdst= 172.16.112.87
###[ Padding ]###
        load= '\x00\x00\x00\x00\x00\x00\x00\x00\x00\x00\x00\x00\x00\x00\x00\x00\x00\x00'
###[ Ethernet ]###
  dst= ff:ff:ff:ff:ff:ff
  src= 90:2b:34:5d:cc:be
  type= 0x806
###[ ARP ]###
     hwtype= 0x1
     ptype= 0x800
     hwlen= 6
     plen= 4
     op= who-has
     hwsrc= 90:2b:34:5d:cc:be
     psrc= 172.16.112.230
     hwdst= 00:00:00:00:00:00
     pdst= 172.16.112.87
###[ Padding ]###
        load= '\x00\x00\x00\x00\x00\x00\x00\x00\x00\x00\x00\x00\x00\x00\x00\x00\x00\x00'
```

图 1-59　sniff 抓包

【知识链接】

1. 以太网帧格式（Ethernet），如图 1-60 所示

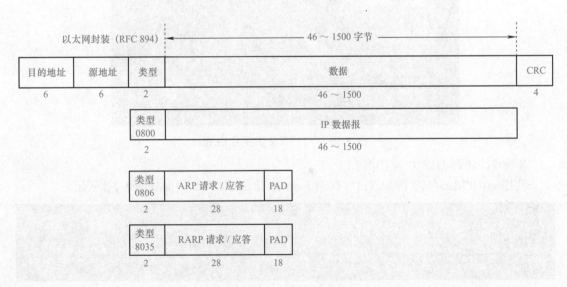

图 1-60　以太网帧格式

2. IP 包格式，如图 1-61 所示

0　　　4　　　8　　　　　　　16　　　　　　　24　　　　　31			
Version	Header length	Type of service	Packet length (bytes)
Identifier		Flags	13-bit fragmentation offset
Time-to-live		Upper layer protocol	Header checksum
Source IP address			
Destination IP address			
Options			
Data			

图 1-61　IP 包格式

3. TCP 分段格式，如图 1-62 所示

0　　　　　　　　　　15	16　　　　　　　　　31		
源端口（aource port）	目的端口（destination port）		
序列号（sequence number）			
确认号（acknowledgement number）			
偏移（data offset）	保留（reserved） URC ACK PSH RST SYN FIN	窗口（windows）	
校验和（checksum）	紧急指针（urgentpinger）		
选项（option）		填充（Padding）	
数据（data）			

TCP 报文格式

图 1-62　TCP 分段格式

4. UDP 分段格式，如图 1-63 所示

UDP 首部：

16	31
源端口	目的端口
数据包长度	校验值
数据 DATA	

图 1-63　UDP 分段格式

5. HTTP 头部格式

（1）请求

HTTP 格式请求例子：

GET https://www.baidu.com/ HTTP/1.1

Host: www.baidu.com

```
Connection: Keep-Alive
Accept-Encoding: gzip
User-Agent: okhttp/3.2.0
username=123&password=123
```

概述：

请求方法 url 协议版本

header 字段名称：值

….

header 字段名称：值

空行

请求包体。

（2）响应

HTTP 格式响应例子：

```
HTTP/1.1 200 OK
Server: nginx/1.8.1
Date: Tue, 25 Apr 2017 06:11:41 GMT
Content-Type: application/json;charset=UTF-8
Connection: keep-alive
Vary: Accept-Encoding
Set-Cookie: BIGipServerUAT_1_nginx_pool=489820844.36895.0000; path=/
Content-Length: 129
{"status":"SUCCESS","result":[]}
```

【拓展练习】

1）生成以太网数据包。

2）生成网络层数据包。

3）生成 TCP 数据包。

4）生成 UDP 数据包。

5）生成 ICMP 数据包。

6）发送 TCP SYN 扫描。

7）抓取数据包。

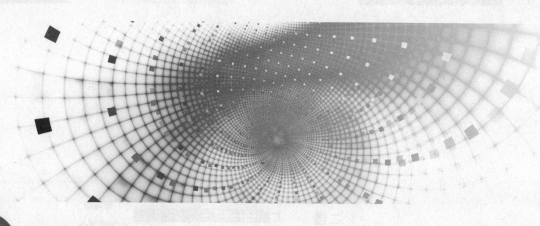

项目2 配置链路层安全

数据链路层是 OSI 参考模型中的第二层，其基本的功能是向该层用户提供透明的和可靠的数据传送基本服务，其通信连接就安全而言，是较为薄弱的环节。本项目以交换式以太网技术为基础，分析数据链路层的不安全因素，有针对性地采用相应的解决思路和操作方法。通过该项目学习，能够使用 VLAN 技术合理规划和配置虚拟工作组，并能实现跨交换机 VLAN 中继和三层交换机 VLAN 间路由；能够根据无线接入安全要求，配置 WEP、WPA、WPA2 等不同的安全认证方式，并进行接入测试；能够通过采用端口安全与限制、防 ARP 攻击技术使网络更加稳定和安全。

任务 1 分隔广播域：VLAN 技术

【任务描述】

银河公司办公区共有 3 个楼层，设有市场部、销售部、人事部、战略部、财务部 5 个部门，拥有近 80 个信息点，采用 4 台 24 端口二、三层交换机构建局域网，如图 2-1 所示。现要求运用 VLAN 技术实现广播域分隔，即将局域网内的设备按逻辑特性划分成若干个虚拟工作组，在不改动网络物理连接的情况下可以任意移动工作站组成新的逻辑工作组或虚拟子网。通过 VLAN 技术可促使虚拟工作组之间流量均衡、互相隔离、互不干扰，并在此基础上，网络管理员可根据实际需求实施不同安全策略，从而构建稳定、安全的网络系统。

【任务分析】

首先，根据该公司当前的信息点分布图确定各部门对应的 VLAN ID 和交换机各端口的归属，完成 VLAN 规划；然后，根据用户类别创建 VLAN 虚拟工作组，通过 VLAN 中继技术实现 VLAN 跨交换机互访；最后，通过 SVI 技术实现 VLAN 间互通。

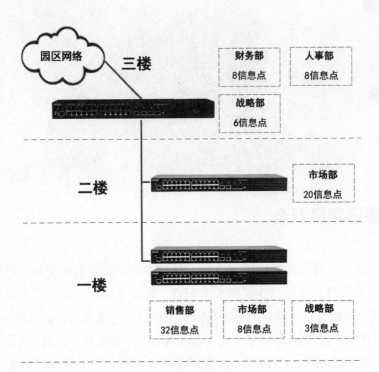

图 2-1　网络信息点分布图

【任务实现】

一、VLAN 规划

　　根据信息点分布图，依据物理楼层给予设备合理命名，如一楼第二台交换机命名为"SW1-2"，依据各部门的信息点数量合理分配端口，为各部门设置 VLAN 编号、名称和 IP 网段，具体情况如表 2-1 所示，图 2-2 为网络拓扑图。

表 2-1　VLAN 规划表

	设　备	部　门	端口范围	VLANID	Name	IP 网段
一楼	SW1-1	销售部	F0/1-F0/22	Vlan 10	XSB	192.168.10.0/24
	SW1-2		F0/1-F0/10			
		战略部	F0/11-F0/13	Vlan 30	ZLB	192.168.30.0/24
		市场部	F0/14-F0/21	Vlan 20	SCB	192.168.20.0/24
二楼	SW2-1		F0/1-F0/20			
三楼	SW3-1	财务部	F0/1-F0/8	Vlan 50	CWB	192.168.30.0/24
		人事部	F0/9-F0/16	Vlan 40	RSB	192.168.40.0/24
		战略部	F0/17-F0/22	Vlan 30	ZLB	192.168.30.0/24

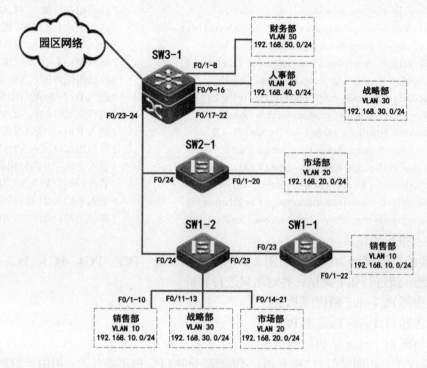

图 2-2　网络拓扑图

二、VLAN 配置

（一）单交换机 VLAN 配置

步骤 1：创建 VLAN。

根据表 2-1，在各交换机上创建 VLAN，以 SW2-1 为例，配置如下：

```
SW2-1(config)#vlan  10              ! 创建一个编号为 10 的虚拟局域网
SW2-1(config-VLAN)#name XSB         ! 该 VLAN 命名为 XSB
SW2-1(config-VLAN)#vlan 20          ! 创建一个编号为 20 的虚拟局域网
SW2-1(config-VLAN)#name SCB         ! 该 VLAN 命名为 SCB
SW2-1(config-VLAN)#vlan 30          ! 创建一个编号为 30 的虚拟局域网
SW2-1(config-VLAN)#name ZLB         ! 该 VLAN 命名为 ZLB
SW2-1(config-VLAN)#vlan 40          ! 创建一个编号为 40 的虚拟局域网
SW2-1(config-VLAN)#name RSB         ! 该 VLAN 命名为 RSB
SW2-1(config-VLAN)#vlan 50          ! 创建一个编号为 50 的虚拟局域网
SW2-1(config-VLAN)#name CWB         ! 该 VLAN 命名为 CWB
```

从网络拓扑图上看，该交换机只有一个部门的用户接入，似乎只需创建一个对应的 VLAN 即可，但 VLAN 具有交换网络的全局特性，应创建交换网络中全部 VLAN 来保障正常通信。其他交换机的配置同上。

步骤 2：端口划分。

根据表 2-1 中各端口的分配情况，配置各交换机各端口的归属，配置如下：

```
SW1-1(config)#interface  range FastEthernet 0/1 - 22      ! 进入 F0/1-22 端口组模式
SW1-1(config-if-range)#switchport access vlan  10         ! 将该组端口加入 VLAN 10
SW1-2(config)#interface  range FastEthernet 0/1 - 10      ! 进入 F0/1-10 端口组模式
```

SW1-2(config-if-range)#switchport access vlan 10	! 将该组端口加入 VLAN 10
SW1-2(config-if-range)#interface range FastEthernet 0/11 – 13	! 进入 F0/11-13 端口组模式
SW1-2(config-if-range)#switchport access vlan 30	! 将该组端口加入 VLAN 30
SW1-2(config-if-range)#interface range FastEthernet 0/14 – 21	! 进入 F0/14-21 端口组模式
SW1-2(config-if-range)#switchport access vlan 20	! 将该组端口加入 VLAN 20
SW2-1(config)#interface range FastEthernet 0/1 – 20	! 进入 F0/1-20 端口组模式
SW2-1(config-if-range)#switchport access vlan 20	! 将该组端口加入 VLAN 20
SW3-1(config)#interface range FastEthernet 0/1 – 8	! 进入 F0/1-8 端口组模式
SW3-1(config-if-range)#switchport access vlan 50	! 将该组端口加入 VLAN 50
SW3-1(config-if-range)#interface range FastEthernet 0/9 – 16	! 进入 F0/9-16 端口组模式
SW3-1(config-if-range)#switchport access vlan 40	! 将该组端口加入 VLAN 40
SW3-1(config-if-range)#interface range FastEthernet 0/17 – 22	! 进入 F0/17-22 端口组模式
SW3-1(config-if-range)#switchport access vlan 30	! 将该组端口加入 VLAN 30

步骤 3：进行测试。

以一楼的交换网络为例，按照图 2-3 所示接入 PC1、PC2、PC3、PC4、PC5，并配置相应的 IP 地址。请进行如下测试，并对结果进行分析。

1）销售部 PC1 ping 销售部 PC2。

2）销售部 PC1 ping 战略部 PC3。

3）销售部 PC1 ping 销售部 PC5。

正常情况下，相同部门 PC 机互通，不同部门间的 PC 机不能互通。但由于跨越交换机，销售部 PC1 ping 销售部 PC5 不能 ping 通，这需要后续的 VLAN 中继技术来解决。

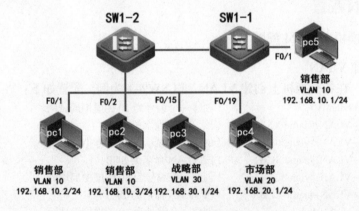

图 2-3　接入 5 台测试 PC 机

（二）跨交换机 VLAN 中继

不在同一台互联交换机上的同类逻辑用户如何能够正常互访呢？如何将两台物理交换机变成一台逻辑交换机呢？这将需要 VLAN 中继技术来解决。

步骤 1：将交换机之间连接的端口的属性设置为 Trunk，如 SW1-1 和 SW1-2 的 F0/23 端口，并允许全部 VLAN 数据通过，即在交换机之间的干道链路上放行全部 VLAN 数据，具体配置如下：

SW1-1(config)#interface FastEthernet 0/23	! 进入 F0/23 端口模式
SW1-1(config-if)#switchport mode trunk	! 将该端口的类型设置为中继
SW1-1(config-if)#switchport trunk allowed vlan all	! 设置该端口允许全部 VLAN 通过

SW1–2(config)#interface range FastEthernet 0/23 – 24	! 进入 F0/23–24 端口组模式
SW1–2(config–if–range)#switchport mode trunk	! 将该端口的类型设置为中继
SW1–2(config–if–range)#switchport trunk allowed vlan all	! 设置该端口允许全部 VLAN 通过
SW2_1(config)#interface FastEthernet 0/24	! 进入 F0/23 端口模式
SW2–1(config–if–range)#switchport mode trunk	! 将该端口的类型设置为中继
SW2–1(config–if–range)#switchport trunk allowed vlan all	! 设置该端口允许全部 VLAN 通过
SW3–1(config)#interface range FastEthernet 0/23 – 24	! 进入 F0/23–24 端口组模式
SW3–1(config–if–range)#switchport mode trunk	! 将该端口的类型设置为中继
SW3–1(config–if–range)#switchport trunk allowed vlan all	! 设置该端口允许全部 VLAN 通过

步骤 2：按照图 2–4 所示接入 PC1、PC2 等 8 台 PC（也可根据实际情况选择性地接入部分 PC），并配置相应的 IP 地址。网络管理员可通过查看配置清单来校对正确性，也可通过 PC 终端的 ping 命令来测试连通性。

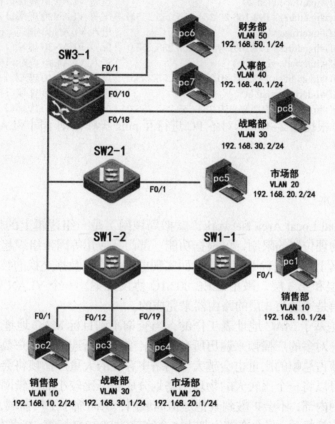

图 2–4   接入 8 台测试 PC 机

步骤 3：请进行如下测试，并对结果进行分析。

1）销售部 PC1 ping 销售部的 PC2。

2）销售部 PC1 ping 市场部的 PC4。

3）战略部 PC3 ping 人事部的 PC7。

4）人事部 PC7 ping 财务部的 PC6。

通过 VLAN 中继配置后，在不同交换机上的相同 VLAN 用户可以互访。若全网实现了同 VLAN 能互通，不同 VLAN 不能互通，则说明 VLAN 配置正确，广播域被有效分隔。

三、交换机虚拟端口技术

通过 VLAN 技术可以实现不同虚拟工作组之间的隔离，但我们希望隔离的是广播帧，而不是单播帧，因此虚拟工作组之间还需要互通。现通过 SVI（交换机虚拟端口）技术来实现不同 VLAN 间互通，也称之为 VLAN 间路由。

VLAN 间"路由"是三层的概念，二层交换机不具备该功能，路由器执行效率低，也难以胜任，因此出现了将二层交换与三层路由功能集成在一起的三层交换机，并在局域网中广泛使用。

三层交换机在内部生成 VLAN 虚拟端口，用于各 VLAN 收发数据，并分别对应各 VLAN 的虚拟网关，通过三层交换机的 SVI 技术，实现不同 VLAN 的连通，具体配置如下：

```
SW3-1(config)#interface vlan 10                          !进入 VLAN10 虚端口模式
SW3-1(config-if)#ip address 192.168.10.254 255.255.255.0  !配置 VLAN10 虚端口 IP 地址
SW3-1(config-if)#interface vlan 20                        !进入 VLAN20 虚端口模式
SW3-1(config-if)#ip address 192.168.20.254 255.255.255.0  !配置 VLAN20 虚端口 IP 地址
SW3-1(config-if)#interface vlan 30                        !进入 VLAN30 虚端口模式
SW3-1(config-if)#ip address 192.168.30.254 255.255.255.0  !配置 VLAN30 虚端口 IP 地址
SW3-1(config-if)#interface vlan 40                        !进入 VLAN40 虚端口模式
SW3-1(config-if)#ip address 192.168.40.254 255.255.255.0  !配置 VLAN40 虚端口 IP 地址
SW3-1(config-if)#interface vlan 50                        !进入 VLAN50 虚端口模式
SW3-1(config-if)#ip address 192.168.50.254 255.255.255.0  !配置 VLAN50 虚端口 IP 地址
```

完成配置后，根据图 2-4 所示对各 PC 进行互 ping 操作，则不同 VLAN 间能够互通。

【知识链接】

1. VLAN 技术

VLAN（Virtual Local Area Network，虚拟局域网）是一组逻辑上的设备和用户，这些设备和用户不受物理位置的限制，可根据功能、部门及应用等因素组织起来。VLAN 是一种将物理网络从逻辑上划分成若干网段，从而实现虚拟工作组数据交换的技术，它工作在 OSI 参考模型的第 2 层和第 3 层，采用 IEEE 802.1Q 协议方案。一个 VLAN 就是一个广播域，VLAN 之间的通信是通过第 3 层的路由器来完成的。

由于交换机是基于 MAC 地址表工作的，当查询不到目标 MAC 地址相对应的表项时，交换机就会通过一对多的广播帧来遍历所有对象。交换机所连接的用户数量越多，网络规模越大，往往广播帧占总帧的比重也会越大，网络中存在的大量广播帧将会影响网络的整体性能。VLAN 技术可以将一个比较大的物理网络划分成若干比较小的逻辑网络，划分后广播仅局限在虚拟局域网内部，不会扩散到其他虚拟局域网，从而缩小了广播域，提高了网络性能。

数据帧进入交换机后，将会在帧上加上 4 个字节的 802.1Q 标签，标签格式如图 2-5 所示，其中 VLAN ID 字段占 12 位，即 2^{12}，所以 VLAN 可配置的 VLAN ID 取值范围为 0 ~ 4095，其中 0 和 4095 协议中规定为保留的 VLAN ID，不能给用户使用，1 为系统默认的 VLAN，管理员可定义的编号范围为 2 ~ 4094。

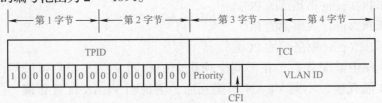

图 2-5　802.1Q 标签格式

VLAN 技术有以下 3 项优点。

1）限制广播域。广播域被限制在一个 VLAN 内，节省了带宽，提高了网络处理能力。

2）增强局域网的安全性。不同 VLAN 内的报文在传输时是相互隔离的，即一个 VLAN 内的用户不能和其他 VLAN 内的用户直接通信，如果不同 VLAN 要进行通信，则需要通过路由器或三层交换机等三层设备。

3）灵活构建虚拟工作组。用 VLAN 可以划分不同的用户到不同的工作组，同一工作组的用户也不必局限于某一固定的物理范围，网络构建和维护更方便灵活。

2. Trunk 技术

"Trunk"一般译为"主干线、中继线、长途线"，在路由 / 交换网络中，Trunk 被称为"中继"。在路由 / 交换领域，VLAN 的中继端口叫作 Trunk。Trunk 技术用在交换机之间互联，使不同 VLAN 通过干道链路与其他交换机中的相同 VLAN 通信，它是基于 OSI 第二层数据链路层的技术。交换端口有 Access 和 Trunk 两种模式，连接终端用 Access 模式，交换设备级连接用 Trunk 模式。

Trunk 技术工作原理见图 2-6，该网络共有 3 个 VLAN，分布在两台物理交换机上，也就是说两台交换机均能识别 VLAN Tag 编号为 10、20、30 的数据帧，但 PC 是不能识别 VLAN Tag 的，PC 带 VLAN Tag 的数据帧为无效帧，所以当数据帧离开交换机时必然要脱去 VLAN Tag。假设 SW1 的 VLAN 10 用户访问 SW2 的 VLAN 10 用户，数据帧将从 SW1 的 F0/24 端口转发出去，这时会脱去原有的 VLAN Tag。SW2 的 F0/24 端口属于 VLAN 1（即默认 PVID 为 1），当脱去原有 Tag 后进入 SW2 的 F0/24 端口时，交换机会将该端口的 PVID（即默认为 1）作为该数据帧的 VLAN Tag。进入 SW2 后该数据帧就属于 VLAN 1 了，所以它已经不能同 VLAN 10 用户互通。

当两台交换机的 F0/24 端口属性都被设置为 Trunk 后，数据帧离开交换机时就会带着原有的 Tag 通过，到达对端交换机后就能与相同 VLAN 的用户互通了。

当然，也能使用以下命令，更加精确地控制使某些特定 VLAN 可以通过，而不是全部通过。

SW1(config-if)#switchport trunk allowed VLAN <VLAN 列表 >

如：

SW1(config-if)#switchport trunk allowed VLAN 20,30   ！允许 VLAN 20,30 通过

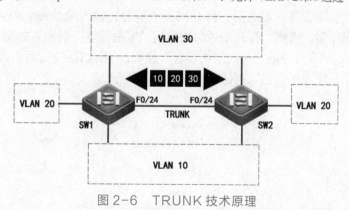

图 2-6　TRUNK 技术原理

【拓展练习】

1）VLAN 技术是如何提高局域网安全性的。

2）长达公司由于市场部人员增加4人，战略部人员减少2人，现限定仅对一楼的网络进行调整，应如何操作。

任务 2　无线安全 WEP、WPA

【任务描述】

网络管理员小苏分别给华强、华达、华康3家刚刚起步的微型公司配置家用无线路由器。依据公司所采购产品的特性和网络安全要求，配置 WEP、WPA、WPA2 等不同的安全认证方式来保障无线网络的安全性，并进行接入测试。

几个月后，华达公司的规模急速扩大，无线网络接入规模进一步增长，性能要求更高，现要求小苏对公司所部署的无线 AP 进行配置，保障无线用户安全接入。

【任务分析】

通过查看家用路由器的产品说明书，或浏览相关网站，熟悉所选型的几款产品的配置方式与环境，并搭建基础网络；依据任务要求，对几款产品进行无线网络安全配置，并使用终端进行无线接入测试；在实践的基础上进一步理解 WEP、WPA、WPA2 等安全加密模式的特点和原理。

【任务实现】

一、家用路由器的无线安全配置

华强、华达、华康3家公司分别选用了华为、小米、TP-LINK 3款无线路由器产品，现要求分别配置 WEP、WPA/WPA2 混合、WPA2 3 种安全加密模式。

（一）WEP 安全模式

共享式安全类型一般采用 WEP（Wired Equivalent Privacy，有线等效保密加密标准）。1999 年 WEP 获得通过，提供了与有线连接等效的加密安全性。

现以华为的 WS550 无线路由器为例。

步骤1：按要求接线并通电之后，打开网页浏览器，输入地址 http://192.168.3.1/，初始设置或直接输入用户名、密码，打开主页后切换到"家庭网络"页面，如图 2-7 所示。

步骤2：点击左侧菜单中的"无线网络设置"选项，在所切换的页面中选中"无线加密设置"选项，弹出"无线加密设置"对话框，如图 2-8 所示。

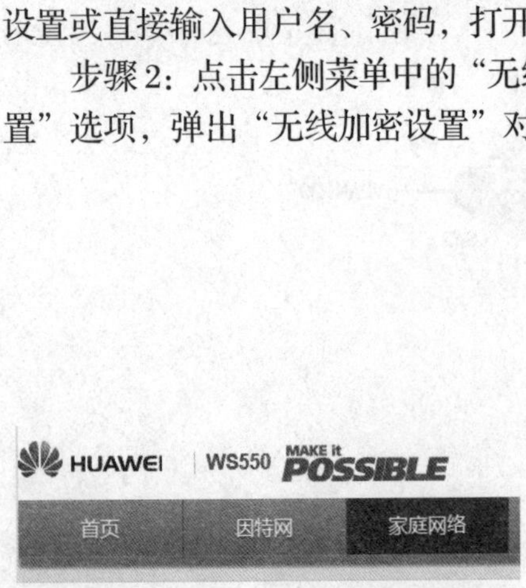

图 2-7　家庭网络配置页面 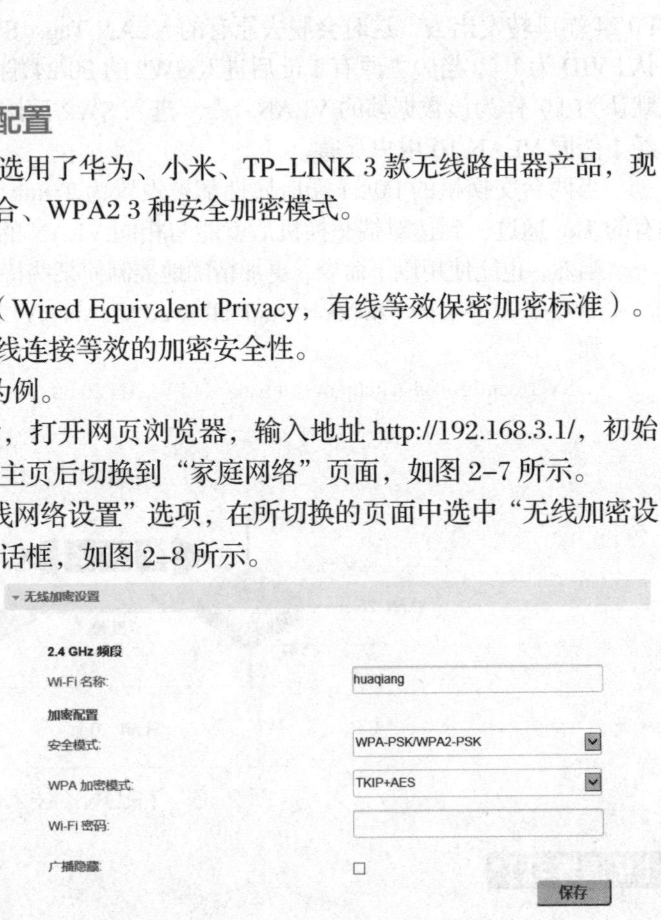　　　　　　　图 2-8　无线加密设置页面

步骤 3：设置 Wi-Fi 名称为"华强"的中文拼音"huaqiang"，将安全模式从默认的"WPA-PSK/WPA2-PSK"方式改为"WEP"方式，此时，后续选项将跟随安全模式的切换而变化，如图 2-9 所示。密钥长度有 128 位和 64 位两种选择，现采用默认的"128 位长度"，并输入 13 位长度的密钥（若采用 64 位长度，则输入 5 位长度的密钥）。

图 2-9　无线加密 WEP 安全模式设置

步骤 4：路由器配置完毕后，再使用信息终端进行无线连接测试，如图 2-10 所示，在弹出的对话框中输入预先设置的安全密钥。在 Windows 7 中的无线网卡安全性设置中提供了 7 种选择：无身份验证（开放式）、共享式、WPA2- 个人、WPA- 个人、WPA2- 企业、WPA- 企业、802.1X，如图 2-11 所示。

步骤 5：连接成功后，右键点击该连接，弹出"无线网络属性"对话框，可以看到该连接的加密方式为"共享式"，即 WEP 模式，如图 2-12 所示，与任务要求相符。

一般计算机第一次连接到一个无线路由器的时候，会自动获取无线网络的安全类型和加密类型。但是也有时候需要手动设置计算机的无线连接，这个时候就需要注意让计算机上的无线安全性设置与路由器上的设置匹配。然而更容易出现的问题是，有时路由器配置了较新的安全认证方式，如 WPA2-PSK，而计算机比较旧，其网卡不支持这种安全认证方式，此时计算机可能就无法搜寻到该无线路由器提供的无线网络。遇到这种情况，就需要将路由器上的无线安全性设置调低，比如设为 WPA-PSK，甚至需要选择共享式（采用 WEP 加密）。

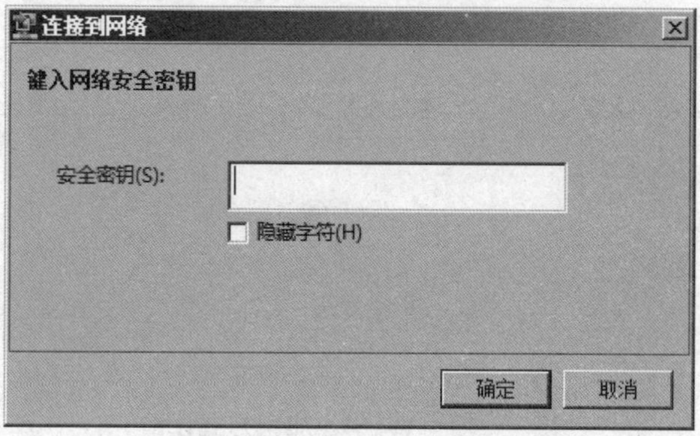

图 2-10　无线连接测试

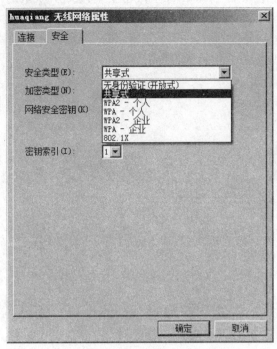

图 2-11　无线网络安全类型选择

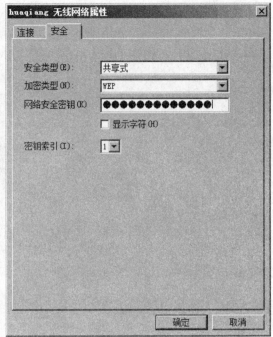

图 2-12　查看无线网络 WEP 加密类型

（二）WPA2 安全模式

　　事实证明 WEP 模式很容易遭到破解，于是 WPA 加密方式应运而生。所以，有更高加密标准可用的时候，一般不使用 WEP 加密类型。

　　现以小米的无线路由器为例，要求配置比较常用，且安全级别很高的 WPA2 加密模式，设置界面如图 2-13 所示。该款产品默认的安全模式是"WPA/WPA2 混合加密"，将其调整为"强加密（WPA2 个人版）"，然后输入相关密钥，点击保存后路由器自动重启。完成路由器配置之后，使用信息终端进行无线连接测试，并查看连接的安全类型，如图 2-14 所示。

2.4G Wi-Fi

| huada | 名称 |

☐ 隐藏网络不被发现

| 强加密(WPA2个人版) | 加密方式 ∨ | 仅支持WPA加密方式的设备将无法连接 |

| •••••••• | 密码 👁 |

| 自动(1) | 无线信道 ∨ |

图 2-13　WPA2 加密方式设置

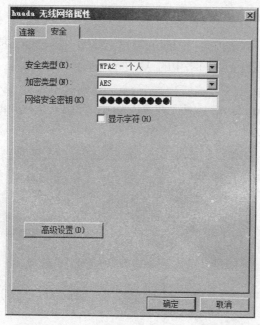

图 2-14　无线网络 WPA 安全类型

（三）WPA/WPA2 混合安全模式

对于 WPA/WPA2 混合模式而言，信息终端使用 WPA 或 WPA2 认证都可以同时连入路由器。对仅采用 WPA2 模式来说，虽然比起混合模式更安全。然而在这种模式下，信息终端必须支持 WPA2 认证才允许连入路由器。显然 WPA/WPA2 混合模式比 WPA 或 WPA2 模式更加灵活。

现以 TP-LINK AC1200 无线路由器为例。

步骤 1：在浏览器中输入"http://tplogin.cn/"，密码认证成功后进入管理页面，选择"路由设置"中的"无线设置"，打开如图 2-15 所示的页面。该款产品默认的安全模式就是 WPA/WPA2 混合模式，设置好密码即可。

步骤 2：无线路由器设置完毕后，在计算机上采用 WPA 和 WPA2 两种认证方式进行无线连接测试，观察是否连接成功。

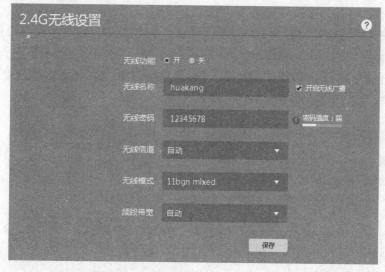

图 2-15　无线路由器中的无线设置

二、无线 AP 安全配置

由于华达公司的规模急速扩大,一般的家用无线路由器已经不能满足接入点数量和性能的要求,现要求对所部署的无线网络中的 AP 进行安全模式的配置,从而保障无线用户能安全接入。

现以锐捷网络 RG-AP220-E 系列无线 AP 为例,介绍安全模式的相关配置,其网络拓扑如图 2-16 所示。

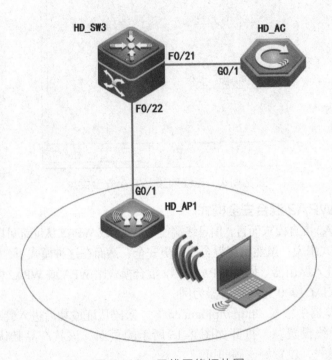

图 2-16　无线网络拓扑图

由于无线网络使用的是开放性媒介,采用公共电磁波作为载体来传输数据信号,通信双方没有线缆连接,如果传输链路未采取适当的加密保护,数据传输的风险就会大大增加。因此在 WLAN 中无线安全显得尤为重要。为了增强无线网络的安全性,无线设备需要提供无线层面下的认证和加密两个安全机制。其中,认证机制用来对用户的身份进行验证,以限定特定的用户(授权的用户)可以使用网络资源;加密机制用来对无线链路的数据进行加密,以保证无线网络数据只被所期望的用户接收和理解。

1. WEP 方式

1)开放式认证和共享密钥加密配置如下所示:

```
HD_AC(config)#wlansec 1
HD_AC(config-wlansec)#security static-wep-key encryption 40 ascii 1 54321
                                                    !设置密码为 54321
HD_AC(config-wlansec)#ssecurity static-wep-key authentication open  !采用开放式认证
```

2)共享密钥认证和加密配置如下所示:

```
HD_AC(config)#wlansec 1
```

HD_AC(config-wlansec)#ssecurity static-wep-key encryption 40 ascii 1 54321

!设置密码为 54321

HD_AC(config-wlansec)#ssecurity static-wep-key authentication share-key

!采用共享密钥认证

2. WPA 方式

WPA 方式下，认证有 PSK 和 802.1X 两种类型，加密也有 TKIP 和 AES 两种类型。现以 PSK 认证和 AES 加密配置为例：

```
HD_AC(config)#wlansec 1
HD_AC(config-wlansec)#security wpa enable              !开启无线加密功能
HD_AC(config-wlansec)#security wpa ciphers aes enable   !无线启用 AES 加密
HD_AC(config-wlansec)#security wpa akm psk enable       !无线启用共享密钥认证方式
HD_AC(config-wlansec)#security wpa akm psk set-key ascii 1234567890
```
　　　　　　　　　　　　　　　　　　　　　　　　　　!设置无线密码为"1234567890"

3. WPA2 方式

WPA2 方式下的认证和加密类型与 WPA 相同。

同样以 PSK 认证和 AES 加密配置为例：

```
HD_AC(config)#wlansec 1
HD_AC(config-wlansec)#security rsn enable              !开启无线加密功能
HD_AC(config-wlansec)#security rsn ciphers aes enable   !无线启用 AES 加密
HD_AC(config-wlansec)#security rsn akm psk enable       !无线启用共享密钥认证方式
HD_AC(config-wlansec)#security rsn akm psk set-key ascii 1234567890
```
　　　　　　　　　　　　　　　　　　　　　　　　　　!设置无线密码为"1234567890"

注意，此处的密码位数不能小于 8 位。

在 AC 上设置了认证和加密后，无线终端将自动断开网络，再次连接时，则要求输入密码。输入无线密码连接成功后，可以看到此时无线网络的安全类型从"不安全"变为了"WPA2-PSK"。

【知识链接】

1. WEP 技术

WEP 技术只从名字上来看，似乎是一个针对有线网络的安全加密协议，但事实并非如此。WEP 标准在无线网络出现的早期就已创建，它的安全技术源自名为 RC4 的 RSA 数据加密技术，是无线局域网 WLAN 的必要的安全防护层。目前常见的是 64 位 WEP 加密和 128 位 WEP 加密。随着无线安全的一再升级，WEP 加密已经出现了 100% 破解的方法，通过抓包注入，获取足够的数据包，即可彻底瓦解 WEP 机密。有黑客验证，在短短 5min 之内即可破解出 10 位数的 WEP 密码。

当在无线设备"安全认证类型"中选择"自动选择""开放系统""共享密钥"这 3 项的时候，使用的就是 WEP 加密技术，"自动选择"模式下，无线路由器可以和客户端自动协商成"开放系统"或者"共享密钥"。

2. WPA 技术

WPA 有 WPA 和 WPA2 两个标准，是一种保护无线电脑网络安全的系统，它是应研究者在前一代的系统有线等效加密（WEP）中找到的几个严重的弱点而产生的。WPA 实作了 IEEE 802.11i 标准的大部分，是在 802.11i 完备之前替代 WEP 的过渡方案。WPA 的设计可以用在所有的无线网卡上，但未必能用在第一代的无线取用点上。WPA2 具备完整的标准体系，但不能被应用在某些老旧型号的网卡上。

WPA 加密方式目前有 4 种认证方式：WPA、WPA-PSK、WPA2、WPA2-PSK。采用的加密算法有两种：AES（Advanced Encryption Standard，高级加密算法）和 TKIP（Temporal Key Integrity Protocol，临时密钥完整性协议）。

1）WPA。WPA 是用来替代 WEP 的。WPA 继承了 WEP 的基本原理而又弥补了 WEP 的缺点：WPA 加强了生成加密密钥的算法，因此即便收集到分组信息并对其进行解析，也几乎无法计算出通用密钥；WPA 中还增加了防止数据中途被篡改的功能和认证功能。WPA 的资料是以一把 128 位元的钥匙和一个 48 位元的初向量（IV）的 RC4 stream cipher 来加密。WPA 超越 WEP 的主要改进就是在使用中可以动态改变钥匙的（TKIP），加上更长的初向量，这可以击败知名的针对 WEP 的金钥匙攻击。

2）WPA-PSK，即预先共享密钥 Wi-Fi 保护访问。WPA-PSK 适用于个人或普通家庭网络，使用预先共享密钥，秘钥设置的密码越长，安全性越高。WPA-PSK 只能使用 TKIP 加密方式。

3）WPA2，是 WPA 的增强型版本，与 WPA 相比，WPA2 新增了支持 AES 的加密方式。

4）WPA2-PSK。与 WPA-PSK 类似，它适用于个人或普通家庭网络，使用预先共享密钥，支持 TKIP 和 AES 两种加密方式。

一般在家庭无线路由器设置页面上，选择使用 WPA-PSK 或 WPA2-PSK 认证类型即可，对应设置的共享密码应尽可能长些，并且在经过一段时间之后定期更换共享密码，以确保家庭无线网络的安全。

【拓展练习】

1）检查家中无线路由器的安全模式设置，并修改为高级别的安全模式。

2）通过查询资料或网络搜索，简要陈述无线网络 WEB、WPA、WPA2 安全模式的区别。

 端口限制与安全

【任务描述】

华康公司近期网络故障频发，运行状态极不稳定，经过管理员的全面排查，发现网络接入层存在诸多问题，例如，销售一部有用户私自接入交换设备来扩展接入点数量，这种不受控制的随意扩展易造成网络环路；销售二部有不安全的用户终端直接接入网络，使网络运行中的安全隐患增多。公司网络拓扑如图 2-17 所示，现要求网络管理员采取相应的策略，严格控制接入层交换机各端口的连接数；对所接入的信息终端进行安全检测与接入授权；对部分接入的用户实施相互隔离，排除不安全的接入用户对其他用户的影响。

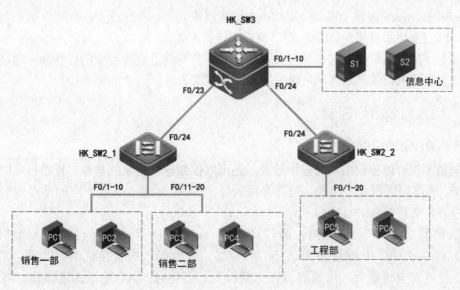

图 2-17 公司网络拓扑图

【任务分析】

针对销售一部私接交换设备的问题，采用端口安全之最大连接数限制配置来解决；针对销售二部有不安全用户接入的问题，采用端口安全之端口、MAC、IP 3 者绑定的方法来解决，或者采用 802.1X 认证来实现；针对接入用户之间互相影响而产生安全风险的问题，采用端口隔离技术来解决。

【任务实现】

一、端口连接数控制

限制交换机端口的最大连接数是设置端口安全的重要手段，端口最大连接数默认为 128，可以根据需要进行限制。为防止用户私接交换设备，可将交换机的最大连接数设置为 1，即仅允许一个对象接入。

现对销售一部用户接入端口进行连接数限制，具体配置如下：

```
HK_SW2_1(config)#interface range FastEthernet 0/1-10          ！进入 F0/1-10 端口组模式
HK_SW2_1(config-if-rage)# switchport port-security            ！启用端口安全配置
HK_SW2_1(config-if-rage)# switchport port-security maximum 1  ！限制最大连接数为 1
HK_SW2_1(config-if-rage)#switchport port-security violation shutdown
                                                              ！设置违例处理为 shutdown
```

配置了交换机的端口安全功能后，当用户接入数超出配置的要求时，交换机的管理机制将会出现安全违例，针对安全违例的处理方式有 3 种：

1）Protect——安全端口将丢弃违例用户的数据包。

2）Restrict——安全端口将丢弃违例用户的数据包，并将发送一个 Trap 通知。

3）Shutdown——安全端口将关闭该端口，并发送一个 Trap 通知。

系统默认的处理方式是 Protect。当端口因为违例而被关闭后，在全局配置模式下使用命令 errdisable recovery 来将接口从错误状态中恢复过来。

该端口安全功能只能在 Access 端口模式下进行配置。

完成上述配置后，可以尝试私接交换机，并在交换机上连接若干信息终端，通过观察交换机端口安全的执行效果来测试是否满足了管理需求。

二、接入对象身份控制

（一）MAC 地址绑定

管理员不仅可以控制端口的连接数量，还可以控制连接对象的身份。管理员可以对计划接入的 PC 等终端进行安全检查，检查合格的登记 MAC 地址，并在相应的端口做好绑定，防止用户进行恶意的 ARP 欺骗。

现以销售二部李经理为例，通过命令 ipconfig/all，查出他的 PC 的 MAC 地址是 C03F-D5E8-AF10，IP 地址是 192.168.2.17/24，他所接入的交换机端口为 F0/17。李经理的 PC 经过安全检查后，由管理员在交换机上进行相应 MAC 地址绑定操作，具体配置如下：

```
HK_SW2_1(config)#interface  FastEthernet 0/17              ! 进入 F0/17 端口模式
HK_SW2_1(config-if)# switchport port-security              ! 启用端口安全配置
HK_SW2_1(config-if)# switchport port-security maximum 1    ! 限制最大连接数为 1
HK_SW2_1(config-if)#switchport port-security mac-address C03F.D5E8.AF10 ip-address 192.168.16.17
                                                           ! 端口与 MAC 和 IP 地址绑定
LH_SW2_1(config-if)#switchport port-secruity violation shutdown  ! 设置违例处理为 shutdown
```

当不是李经理的 PC（非安全 MAC 地址）接入该交换机 F0/8 端口时，该端口就会关闭。管理员可以采用上述方法对其他端口进行限制，严格控制接入对象的身份。

（二）端口 802.1X 认证

IEEE 802.1X 是根据用户 ID，对交换机端口进行鉴权的标准，也被称为"端口级别的鉴权"。它采用 RADIUS（远程认证拨号用户服务）方法，并将其划分为 3 个不同小组：请求方、认证方和授权服务器。认证和授权都通过鉴权服务器后端通信实现。IEEE 802.1X 提供自动用户身份识别，集中进行鉴权、密钥管理和 LAN 连接配置。整个 802.1X 的实现由请求者系统、认证系统和认证服务器系统 3 个部分组成。

现以 S1 为认证服务器，IP 地址为 192.168.100.1/24，客户端为销售二部的王经理为例，王经理所使用的 PC 为 PC4，接入交换机 F0/15 端口。具体配置如下：

```
HK_SW2_1(config)#radius-server host 192.168.100.1 auth-port 1812
! 指定 RADIUS 服务器的地址及 UDP 认证端口
HK_SW2_1(config)#aaa accounting server 192.168.100.1  ! 指定记账服务器的地址
HK_SW2_1(config)#aaa accounting acc-port 1813          ! 指定记账服务器的 UDP 端口
HK_SW2_1(config)#aaa authentication dot1x             ! 开启 AAA 功能中的 802.1X 认证功能
HK_SW2_1(config)#aaa accounting                       ! 开启 AAA 功能中的记账功能
HK_SW2_1(config)#radius-server key star               ! 设置 RADIUS 服务器认证字
HK_SW2_1(config)#snmp-server community public rw
! 为通过简单网络管理协议访问交换机设置认证名（public 为缺省认证名）并分配读写权限
HK_SW2_1(config)#interface fastEthernet 0/15          ! 进入 F0/15 端口模式
HK_SW2_1(config-if)#dot1x port-control auto           ! 设置该端口参与 802.1X 认证
```

三、端口隔离

VLAN 技术实现了不同工作组之间的隔离。但在现实中，有时同一工作组内的用户之间也不需要资源共享和互访，它们仅仅需要通过级联端口或其他特殊端口访问服务器和互联网资源。在这种环境下，管理员可以通过端口隔离技术来消除用户之间不安全因素的互相影响，以 VLAN 16 为例，具体配置如下：

```
HK_SW2_2(config)#interface range FastEthernet 0/1-20      ! 进入 F0/1-20 端口模式
LH_SW2_2(config-if-rage)# switchport protect               ! 实施端口隔离
```

配置后请用 ping 命令检查，如发现工程部用户之间不能 ping 通，即说明端口隔离生效了。

【知识链接】

1. 端口安全技术

端口安全是指，通过 MAC 地址表记录连接到交换机端口的信息终端网卡 MAC 地址，并只允许某个 MAC 地址通过本端口通信。其他 MAC 地址发送的数据包通过此端口时，端口安全特性会阻止它。使用端口安全特性可以防止未经允许的设备访问网络，增强安全性，也可用于防止 MAC 地址泛洪造成 MAC 地址表溢出。通过在交换机端口上做 MAC 地址绑定、端口 +MAC+IP 绑定，可防止 ARP、DHCP 攻击。

2. 交换机 802.1X 认证过程

交换机 802.1X 认证过程如图 2-18 所示。客户端向接入交换机发送一个 EAPOL-Start 报文，启动 802.1X 认证接入；接入交换机向客户端发送 EAP-Request/Identity 报文，要求客户端将用户名送上来；客户端回应一个 EAP-Response/Identity 给接入交换机的请求，其中包括用户名；接入交换机将 EAP-Response/Identity 报文封装到 RADIUS Access-Request 报文中，发送给认证服务器；认证服务器产生一个 Challenge，通过接入交换机将 RADIUS Access-Challenge 报文发送给客户端，其中包含有 EAP-Request/MD5 challenge；接入交换机通过 EAP-Request/MD5 challenge 发送给客户端，要求客户端进行认证；客户端收到 EAP-Request/MD5 challenge 报文后，将密码和 Challenge 做 MD5 算法后的 Challenged-Pass-word，将 EAP-Response/MD5 challenge 回应给接入交换机；接入交换机将 Challenge、Challenged Password 和用户名一起送到 RADIUS 服务器，由 RADIUS 服务器进行认证；RADIUS 服务器根据用户信息，做 MD5 算法，判断用户是否合法，然后回应认证成功 / 失败报文到接入设备，如果成功，携带协商参数，以及用户的相关业务属性给用户授权，如果认证失败，则流程到此结束；如果认证通过，用户通过标准的 DHCP（可以是 DHCP Relay），通过接入交换机获取规划的 IP 地址；如果认证通过，接入交换机发起计费开始请求给 RADIUS 用户认证服务器；RADIUS 用户认证服务器回应计费开始请求报文。用户上线完毕。

3. 端口隔离与 VLAN 的区别

端口隔离操作与之前学习的 VLAN 配置不同。端口隔离的端口之间无法相互通信，但可以与级联端口通信；VLAN 同 VLAN ID 的端口可以任意通信，不同 VLAN 之间不能直接通信；端口隔离的各个端口仍然处于同一 IP 段，VLAN 则一般每个 VLAN 对应一个独立的

IP段；端口隔离仅限于单台交换机，即无法控制级联的两台交换机之间的隔离端口的通信，VLAN可以跨越多台交换机，只要VLAN ID不同，就无法直接通信。级联端口无法区分端口隔离的数据来自哪个端口，但是可以区分VLAN的数据归属于哪个VLAN。

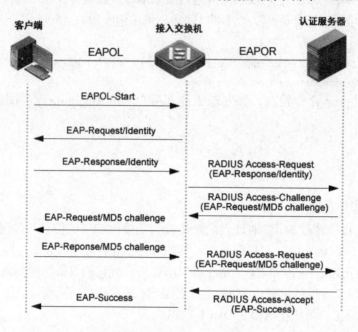

图2-18　802.1X认证过程

【拓展练习】

1）将交换机HK_SW2_1的F0/1端口最大连接数限制修改为4个。

2）实现信息中心各服务器之间端口隔离。

3）实现交换机HK_SW3的F0/11端口+MAC地址+IP地址绑定，该端口所要求接入的PC机IP地址为192.168.10.1，MAC地址为C03D.15A8.DEF4。

任务4　防ARP攻击与DHCP Snoop技术

【任务描述】

最近华康公司员工抱怨无法正常访问互联网，经网络管理员故障排查发现客户端PC ARP缓存表绑定记录有误，从该现象可以判断网络可能出现了ARP欺骗攻击，导致客户端PC不能获取正确的ARP记录，以致不能访问目标网络。同时还发现客户端PC通过DHCP获得了错误的IP地址，从该现象可以判断出网络中可能出现了DHCP攻击，有人私自架设了DHCP服务器（伪DHCP服务器）导致客户端PC不能获得正确的IP地址信息，以致不能够正常访问网络资源。企业网络拓扑图如图2-19所示，现要求管理员针对所出现的异常情况，采用相应的安全策略优化华康公司网络环境，彻底解决ARP攻击问题。

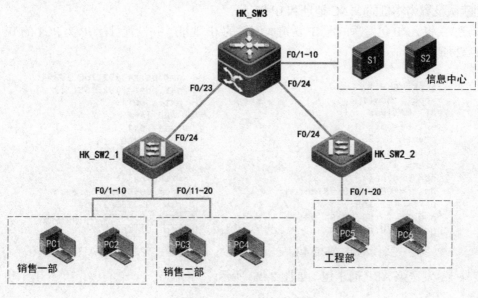

图 2-19　网络拓扑图

可在 Attacker 攻击机上开启 scapy 和 Yersinia 程序来模拟 ARP 欺骗和 DHCP 泛洪攻击。针对任务中存在的问题，可采用 switchport port-security 和 ARP 检测相结合的方案来防止 ARP 欺骗；采用 DHCP Snoop 技术来防止 DHCP 服务器伪装和 DHCP 泛洪攻击；采用 DHCP Snoop+DAI 技术防止动态地址获取环境下的 ARP 欺骗攻击。

一、ARP 检测

在命令窗口输入 "arp –a"，查看 arp 列表，如果存在多条与网关 IP 相对应的 MAC 地址，或所对应的 MAC 地址被篡改，则表明局域网存在 ARP 攻击。当 PC1 发出 ARP 请求，刷新 ARP 缓存中网关对应的 MAC 地址时，正常情况下只有网关会响应，其他主机不会响应。

ARP 欺骗攻击可以通过攻击机发送请求包或响应包两种方式进行，下面利用 scapy 工具向 PC1 发送非正常的 ARP 请求包来模拟一次 ARP 欺骗攻击的过程。

步骤 1：在 Attacker 攻击机上开启 scapy 程序，如图 2-20 所示。

```
root@localhost:~# scapy
WARNING: No route found for IPv6 destination :: (no default route?)
INFO: Can't import python ecdsa lib. Disabled certificate manipulation tools
Welcome to Scapy (2.3.3)
>>>
```

图 2-20　开启 scapy 程序

步骤 2：构造一个 ARP 包，并查看相关的参数，如图 2-21 所示。

其中 "op=who-has" 表示这是一个 ARP 请求包，"hwsrc" 表示源 MAC 地址，"psrc" 表示源 IP 地址，"hwdst" 表示目标 MAC 地址，"pdst" 表示目标 IP 地址。"hwsrc" 和 "psrc"

会分别默认设置为本机的 MAC 地址和 IP 地址。

步骤 3：将 ARP 包发送的源 IP 伪造成网关的 IP 地址，并设置目标 IP 为 PC1 的 IP 地址，如图 2-22 所示。

```
>>> pkt=ARP()
>>> pkt.show()
###[ ARP ]###
  hwtype= 0x1
  ptype= 0x800
  hwlen= 6
  plen= 4
  op= who-has
  hwsrc= 00:0c:29:53:ee:da
  psrc= 192.168.1.5
  hwdst= 00:00:00:00:00:00
  pdst= 0.0.0.0
```

图 2-21　构造 ARP 包

```
>>> pkt.psrc='192.168.1.254'
>>> pkt.pdst='192.168.1.2'
>>> pkt.show()
###[ ARP ]###
  hwtype= 0x1
  ptype= 0x800
  hwlen= 6
  plen= 4
  op= who-has
  hwsrc= 00:0c:29:53:ee:da
  psrc= 192.168.1.254
  hwdst= 00:00:00:00:00:00
  pdst= 192.168.1.2
```

图 2-22　伪造 ARP 包

步骤 4：发送该 ARP 请求包，如图 2-23 所示。

```
>>> send(pkt,loop=1)
.......................................................................
.......................................................................
.......................................................................
.......................................................................
.......................................................................
.......................................................................
.......................................................................
```

图 2-23　发送 ARP 请求包

默认情况下只发送一次，loop=1 表示循环发送，直到按下 Ctrl+C 终止。

步骤 5：验证攻击效果。

查看 PC1 上的 ARP 缓存表，如图 2-24 所示，可以看到此时与网关地址 192.168.1.254 相对应的 MAC 地址被修改成了 Attacker 攻击机的 MAC 地址，即达到了网关欺骗的效果。

```
管理员 C:\Windows\system32\cmd.exe

C:\>arp -a

接口: 192.168.1.2 --- 0xb
  Internet 地址        物理地址              类型
  192.168.1.5         00-0c-29-53-ee-da    动态
  192.168.1.254       00-0c-29-53-ee-da    动态
  224.0.0.251         01-00-5e-00-00-fb    静态
  239.255.255.250     01-00-5e-7f-ff-fa    静态
```

图 2-24　查看 ARP 缓存表

由于存在错误的记录，访问时无法找到正确网关，而数据包被 Attacker 截获，如图 2-25 所示。为了防止 ARP 欺骗，管理员可采用 switchport port-security 和 ARP 检测相结合的方案，具体配置如下：

HK_SW2_1(config)#port-security arp-check　　　　　　!开启 ARP 检测功能
HK_SW2_1(config)#interface FastEthernet 0/5　　　　!进入 F0/3 端口模式
HK_SW2_1(config-if)#switchport port-security　　　　!开启端口安全功能
HK_SW2_1(config-if)#switchport port-security mac-address CEEA.0091.2030
 ip-address 192.168.1.5　　　　　　　　　　　　!端口与 MAC 地址和 IP 地址绑定

通过以上配置，F0/5 与所连接对象的真实身份绑定，Attacker 无法通过该端口发送欺骗信息。如果 Attacker 伪装成网关，宣称自己是 192.168.16.254，则将会被 F0/3 的端口安全设施所过滤，如果假冒成其他对象实施欺骗也同样会被过滤。这样就有效解决了静态手工 IP 地址配置环境下的 ARP 欺骗攻击。

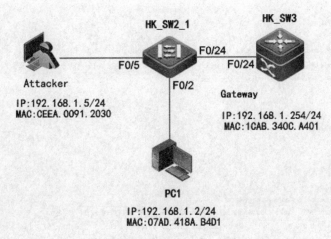

图 2-25　静态 IP 地址环境下的 ARP 欺骗攻击

二、DHCP 监听

如图 2-26 所示，Rogue DHCP Server 为伪装的 DHCP 服务器，它向 VLAN 10 发送非法的 DHCP 报文，使得 DHCP Client 用户不能获取正确的 IP 地址。此外，网络内的恶意用户还可能对合法的 DHCP 服务进行泛洪攻击。

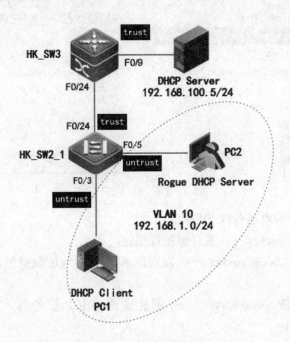

图 2-26　DHCP 监听

Yersinia 是一款底层协议攻击入侵检测工具，它能实施针对多种协议的多种攻击。在 Kali Linux 系统中就集成了该工具，通过 yersinia-G 命令即可启动图形界面。下面利用该工具来模拟一次对 DHCP 服务器的泛洪攻击。

步骤 1：在 Kali Linux 攻击机上通过命令行输入"yersinia-G"命令可启动该工具的图形界面，如图 2-27 所示。

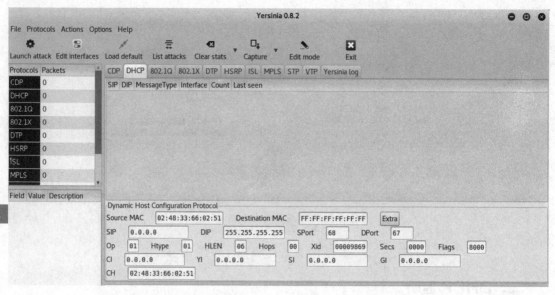

图 2-27　启动 Yersinia 程序

步骤 2：选择攻击协议为 DHCP，如图 2-28 所示。

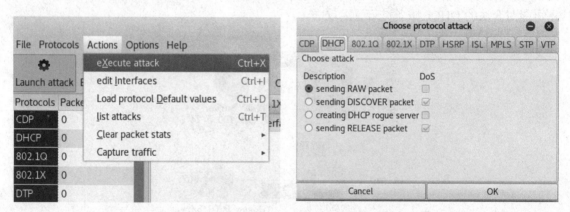

图 2-28　DHCP 攻击

这里针对 DHCP 的攻击有以下四种。

1）sending RAW packet——发送原始数据包。

2）sending DISCOVER packet——发送请求获取 IP 地址数据包，占用所有的 IP，造成拒绝服务。

3）creating DHCP rogue server——创建虚假 DHCP 服务器，让用户链接，真正的DHCP 服务器无法工作。

4）sending RELEASE packet——发送释放 IP 请求到 DHCP 服务器，致使正在使用的 IP全部失效。

步骤 3：选择"sending DISCOVER packet"选项，对 DHCP 服务器进行泛洪攻击，如图2-29 所示。

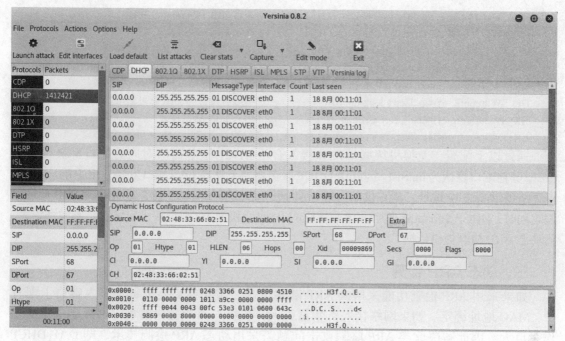

图 2-29　DHCP 泛洪攻击

从图中可看到攻击机不断发送大量的 DHCP 请求数据包。一旦 DHCP 服务器被 DISCOVER 攻击，地址池内所有的有效 IP 都会被占用，新的用户将无法再获取到 IP 地址。注意：这里虽然所有的 IP 地址被占用，但是在 DHCP 服务器的地址池内是没有显示的。

步骤 4：选取网络内的一台主机来验证攻击结果，如图 2-30 所示。

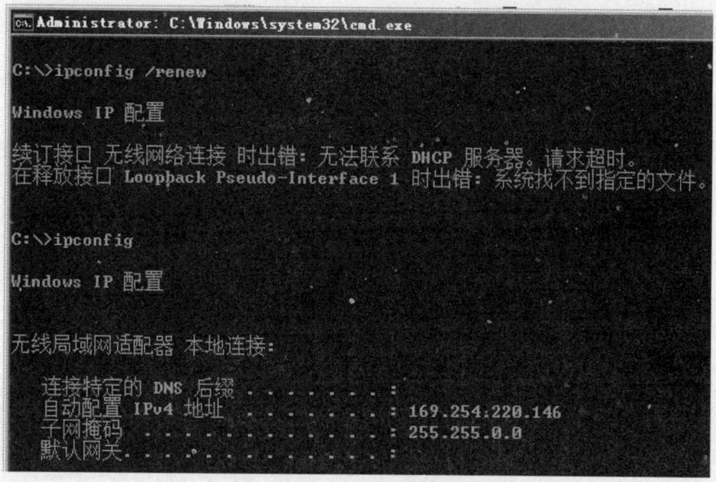

图 2-30　验证攻击结果

在试图通过命令重新获得 IP 地址时，发现连接 DHCP 服务器超时，只能获取到一个以 169 开头的内部保留地址，由此说明 DHCP 泛洪攻击已生效。

为防御此类攻击，网络管理员可以通过开启 DHCP 监听，过滤网络中接入的伪 DHCP（非法的、不可信的）发送的 DHCP 报文来增强网络安全性。DHCP 监听还可以检查 DHCP 客户端发送的 DHCP 报文的合法性，防止 DHCP 泛洪攻击。其具体配置如下所示：

```
HK_SW2_1(config)#ip dhcp snooping                       ! 开启 DHCP Snooping 功能
HK_SW2_1(config)#interface FastEthernet 0/24            ! 进入 F0/24 端口模式
HK_SW2_1(config-if)#ip dhcp snooping trust              ! 将端口设置为 DHCP 可信端口
HK_SW3(config)#ip dhcp snooping                         ! 开启 DHCP Snooping 功能
HK_SW3(config)#interface FastEthernet 0/24              ! 进入 F0/24 端口模式
HK_SW3(config-if)#ip dhcp snooping trust                ! 将端口设置为 DHCP 可信端口
HK_SW3(config-if)#interface FastEthernet 0/9            ! 进入 F0/9 端口模式
HK_SW3(config-if)#ip dhcp snooping trust                ! 将端口设置为 DHCP 可信端口
```

通过以上配置，交换机级联端口和接入合法 DHCP 服务器所对应的端口都被设置为 trust，其他端口默认为 untrust。因此伪 DHCP 服务器将无法在 F0/5 端口发送 DHCP 响应报文，即无法提供非法 IP 地址。用户仅能通过 trust 通道获取合法 DHCP 服务器所提供的 IP 地址。与之同时，DHCP Snooping 监听并记录相应的 IP 地址和 MAC 地址的绑定情况，形成绑定表，为动态 ARP 检测提供依据。

三、动态 ARP 检测

如果采用 ARP 检查功能来解决 ARP 欺骗攻击，需要在交换机每个接入端口上配置 IP、MAC 地址绑定。如果网络接入点数量庞大，或接入用户变化频繁，则静态绑定的工作量巨大。因此解决此类 ARP 欺骗攻击问题需采用动态 ARP 检测技术，即 DAI+DHCP Snooping 技术。

如图 2-31 所示，DHCP Client 从 HK_SW3 的 DHCP Server 上获到 IP 地址，同时在交换机上开启 DHCP Snoop 功能监听并记录正确的端口、IP 地址、MAC 地址对应表项。PC2 被入侵成为 Attacker 后，伪装成其他对象通过 F0/5 端口发送欺骗信息时，F0/12 端口的安全机制将会对该对象地址信息与 DHCP Snoop 表项进行核对，如果找不到该表项，则丢弃该报文。通过动态 ARP 检测技术将有效抑制动态 IP 地址环境下的 ARP 欺骗攻击。

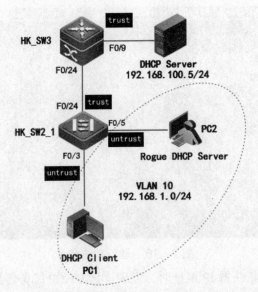

图 2-31　动态 IP 地址获取环境下的 ARP 欺骗攻击

在实施 DHCP Snoop 技术的基础上，通过以下配置使攻击者无法通过所连接的交换机端口发送 ARP 欺骗信息。如果攻击者假冒成其他对象实施 ARP 欺骗，则会被端口安全检测机制所过滤。DHCP Snoop+DAI 技术有效防止了动态地址获取环境下的 ARP 欺骗攻击。

```
HK_SW2_1 (config)#ip arp inspection                    ! 开启 DAI 功能
HK_SW2_1 (config)#ip arp inspection VLAN 10            ! DAI 功能应用于 VLAN 17 用户
HK_SW2_1(config)#interface f0/24                       ! 进入 F0/24 端口模式
HK_SW2_1(config-if)#ip arp inspection trust            ! 将端口设置为 DAI 信任端口
HK_SW3 (config)#ip arp inspection                      ! 开启 DAI 功能
HK_SW3 (config)#ip arp inspection VLAN 10              ! DAI 功能应用于 VLAN 17 用户
HK_SW3(config)#interface f0/24                         ! 进入 F0/24 端口模式
HK_SW3(config-if)#ip arp inspection trust              ! 将端口设置为 DAI 信任端口
HK_SW3(config-if)#interface f0/9                       ! 进入 F0/9 端口模式
HK_SW3(config-if)#ip arp inspection trust              ! 将端口设置为 DAI 信任端口
```

【知识链接】

1. ARP

ARP 是 "Address Resolution Protocol" 的缩写，称为地址解析协议。局域网中实际传输的是帧，帧中包含目标主机的 MAC 地址。一个主机要和另一个主机进行直接通信，必须要知道目标主机的 MAC 地址，但这个目标 MAC 地址是通过地址解析协议获得的。所谓 "地址解析"，就是主机在发送帧前将目标 IP 地址转换成目标 MAC 地址的过程。ARP 的基本功能就是通过目标设备的 IP 地址，查询获得目标设备的 MAC 地址，以保证网络通信的顺利进行。

ARP 的工作过程为：主机 A 欲向本局域网上的某个主机 B 发送 IP 数据报，先在主机 A 的 ARP 缓存中查看有没有主机 B 的 IP 地址所对应的记录。如果存在该记录，那么就可以查出该 IP 所对应的 MAC 地址，再将此 MAC 地址写入 MAC 帧，然后将 MAC 帧发往此 MAC 地址。

如果不存在该记录，就通过使用目的 MAC 地址为 FF-FF-FF-FF-FF-FF 的帧来封装并广播 ARP 请求分组，同一个局域网里的所有主机都将收到 ARP 请求。主机 B 接收到请求后，就向主机 A 发送响应 ARP 分组，分组中包含主机 B 的 IP 与 MAC 地址的映射关系。主机 A 收到后就将此映射写入 ARP 缓存中，然后按照查询到的 MAC 地址发送 MAC 帧。

2. ARP 欺骗攻击

常见的 ARP 攻击有两种类型：ARP 扫描和 ARP 欺骗。所谓 ARP 欺骗是指攻击者在局域网监听并收到 ARP Request 广播包，获取到其他节点的 IP 和 MAC 地址，攻击者可以伪装为 A，告诉 B（受害者）一个伪造的地址，使得 B 发送给 A 的数据包都被攻击者截取，而 B 浑然不知。

ARP 是个早期的网络协议，RFC826 在 1980 就出版了该协议。早期的互联网采取的是信任模式，在科研、大学内部使用，追求功能、速度，没考虑网络安全。人们充分利用以太网的泛洪特点，能够很方便地查询，但这为日后的黑客开了便利之门。攻击只要在局域网内读取自动送上门来的 ARP Request，就能获取网内所有节点的 IP 和 MAC 地址。而节点收到 ARP Reply 时也不会质疑。ARP 天生的缺陷促使黑客很容易冒充他人进行欺骗。

ARP 的欺骗过程为：

假设某网络有 A、B、C 3 台主机，它们的详细信息如表 2-2 所示。

表2-2 主机地址信息表

主 机 名	IP 地 址	MAC 地 址
A	192.168.1.1	A1-A1-A1-A1-A1-A1
B	192.168.1.2	B1-B1-B1-B1-B1-B1
C	192.168.1.3	C1-C1-C1-C1-C1-C1

当 A 和 C 之间进行正常通信时，B 向 A 发送一个自己伪造的 ARP 应答，而这个应答中的数据为发送方 IP 地址，是 C 的 IP 地址 192.168.1.3，MAC 地址是伪造的 B 的 MAC 地址 B1-B1-B1-B1-B1-B1（C 的 MAC 地址本来应该是 C1-C1-C1-C1-C1-C1）。当 A 接收到 B 伪造的 ARP 应答，就会更新本地的 ARP 缓存，此时 A 就被欺骗了，B 成功伪装为 C。同时，B 同样向 C 发送一个 ARP 应答，应答包中发送方 IP 地址是 A 的 IP 地址 192.168.1.1，MAC 地址是 B 的 MAC 地址 B1-B1-B1-B1-B1-B1（A 的 MAC 地址本来应该是 A1-A1-A1-A1-A1-A1）。当 C 收到 B 伪造的 ARP 应答时，也会更新本地 ARP 缓存，此时 C 就被欺骗了，B 又成功伪装成了 A。这样主机 A 和 C 都被主机 B 欺骗，A 和 C 之间通信的数据都经过了 B。

ARP 欺骗存在两种形式：一种是欺骗主机作为"中间人"，被欺骗主机的数据都经过它中转一次，这样欺骗主机可以窃取到被它欺骗的主机之间的通信数据；另一种是让被欺骗主机直接断网。

第一种欺骗形式就属于典型的 ARP 欺骗，欺骗主机向被欺骗主机发送大量伪造的 ARP 应答包进行欺骗，当通信双方被欺骗成功后，自己作为一个"中间人"的身份。此时被欺骗的主机双方还能正常通信，只不过在通信过程中被欺骗者"窃听"了。

第二种欺骗形式在欺骗过程中，欺骗者只欺骗了其中一方，如 B 欺骗了 A，但同时 B 没有对 C 进行欺骗，这样 A 实质上是在和 B 通信，所以 A 就不能和 C 通信了，另外一种情况还可能就是欺骗者伪造一个不存在地址进行欺骗。

【拓展练习】

1）什么是 ARP 欺骗攻击？
2）请举例描述 ARP 欺骗攻击过程。
3）可采用哪些技术手段防止 ARP 欺骗攻击？

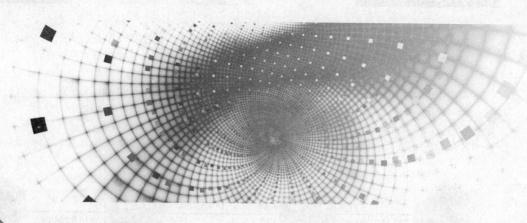

项目3 配置网络层安全

网络层是 OSI 参考模型中的第三层，最基本的功能是将数据设法从源端经过若干个中间节点传送到目的端，从而向运输层提供最基本的端到端的数据传送服务。本项目以交换式以太网技术为基础，分析网络层的不安全因素，有针对性地采用相应的解决思路和操作方法。学习本项目后，能够通过 ICMP 报文的分析来理解 ICMP 工作过程；能够采用策略路由、被动接口、分发列表等技术实现路由的选择与控制；能够使用访问控制列表 ACL 配置针对不同的网络数据流实施有效的访问限制和行为约束，通过 NAT 技术实现内外网安全互访功能，实现用户接入 Internet 需求；能够采用 IP 源防护技术，合理解决 DHCP 动态地址分配环境下IP 源地址欺骗问题。

 ICMP

【任务描述】

使用工具软件对 ICMP 数据包进行分析，对各类 ICMP 报头各字段进行解析。进一步了解 ICMP 重定向报文欺骗攻击。

【任务分析】

根据要求设定实验环境，搭建基础网络，启用协议分析软件对 ping 数据包实行捕获，并进行分析。

【任务实现】

一、ICMP 分析

（一）设定实验环境

按照图 3-1 所示拓扑图完成物理连接，配置主机、路由器各端口地址，具体配置如下：

RA(config)#interface FastEthernet 0/0 　　　　　　　　! 进入 F0/0 端口组模式

RA(config-if)#ip address 172.16.1.254 255.255.255.0 ! 设置端口 IP 地址为 172.16.1.254
RA(config)#interface FastEthernet 0/1 ! 进入 F0/2 端口组模式
RA(config-if)#ip address 10.1.1.1 255.255.255.0 ! 设置端口 IP 地址为 10.1.1.1
RB(config)#interface FastEthernet 0/0 ! 进入 F0/0 端口组模式
RB(config-if)#ip address 10.1.1.2 255.255.255.0 ! 设置端口 IP 地址为 10.1.1.2
RB(config)#interface FastEthernet 0/1 ! 进入 F0/1 端口组模式
RB(config-if)#ip address 172.16.2.254 255.255.255.0 ! 设置端口 IP 地址为 172.16.2.254

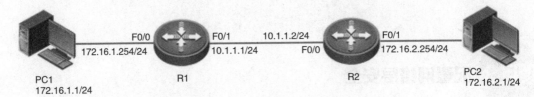

图 3-1　网络拓扑图

（二）捕获分析目的端不可达 ICMP 报文

步骤 1：在 PC1 中开启 Wireshark 协议分析软件进行数据包捕获。

步骤 2：在 PC1 中的命令行窗口 ping PC2 的地址 172.16.2.1，如图 3-2 所示。

```
管理员：C:\Windows\system32\cmd.exe

C:\>ping 172.16.2.1

Pinging 172.16.2.1 with 32 bytes of data:
Reply from 172.16.1.254: Destination net unreachable.
Reply from 172.16.1.254: Destination net unreachable.
Reply from 172.16.1.254: Destination net unreachable.
Reply from 172.16.1.254: Destination net unreachable.

Ping statistics for 172.16.2.1:
    Packets: Sent = 4, Received = 4, Lost = 0 (0% loss),
```

图 3-2　ping PC2 的 IP 地址

步骤 3：PC1 中捕获到的目的端不可达 ICMP 报文，如图 3-3 所示。

No.	Time	Source	Destination	Protocol	Length	Info
9	0.403083	172.16.1.1	172.16.2.1	ICMP	74	Echo (ping) request id=0x0001, seq=115/29440
10	0.403580	172.16.1.254	172.16.1.1	ICMP	102	Destination unreachable (Host unreachable)
18	1.804398	172.16.1.254	172.16.1.1	ICMP	90	Destination unreachable (Host unreachable)

```
▷ Frame 18: 90 bytes on wire (720 bits), 90 bytes captured (720 bits) on interface 0
▷ Ethernet II, Src: FujianSt_6c:4c:4e (00:d0:f8:6c:4c:4e), Dst: Tp-LinkT_f0:36:a0 (08:57:00:f0:36:a0)
▷ Internet Protocol Version 4, Src: 172.16.1.254, Dst: 172.16.1.1
▽ Internet Control Message Protocol
    Type: 3 (Destination unreachable)
    Code: 1 (Host unreachable)
    Checksum: 0x16eb [correct]
    [Checksum Status: Good]
    Unused: 00000000
  ▷ Internet Protocol Version 4, Src: 172.16.1.1, Dst: 10.140.98.44
  ▷ Transmission Control Protocol, Src Port: 49601, Dst Port: 3389, Seq: 1010261228
```

图 3-3　目的端不可达 ICMP 报文

　　该报文为目的端不可达 ICMP 报文，从源地址可以看到此目的端不可达报文由路由器 R1 发出，因为 R1 路由查找不到目标网段 172.16.2.0 的路径，因此丢弃 PC1 发送的 ICMP 回显请求，并发送目的端不可达 ICMP 报文。

ICMP 报头各字段内容解析：

① 类型，3——表示此报文为目的端不可达 ICMP 的报文。

② 代码，1—— 主机不可达，只能由路由器产生，产生原因为 R1 路由器不知道目的主机 172.16.2.1 的路由。

③ 校验和，0X16eb——ICMP 报文和数据部分的校验和数据。

④ 保留，0——ICMP 目的端不可达报文中保留字段全为 0。

⑤ 数据——数据部分为被丢弃报文的 IP 报头的部分。

（三）捕获分析超时 ICMP 报文

步骤 1：在路由器 R1 上配置静态路由。

R1(config)#ip route 172.16.2.0 255.255.255.0 10.1.1.2 　　! 设置 172.16.2.0 网段静态路由

步骤 2：在 PC1 中开启 Wireshark 抓包软件进行数据包捕获，并设置过滤器只显示 ICMP 协议。

步骤 3：在 PC1 中的命令行窗口 ping PC2 的 IP 地址 172.16.2.1，如图 3-4 所示。

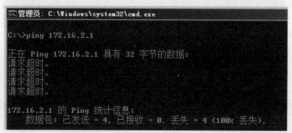

图 3-4　ping PC2 的 IP 地址

步骤 4：在 PC1 中捕获到 ICMP 回显请求报文，如图 3-5 所示。

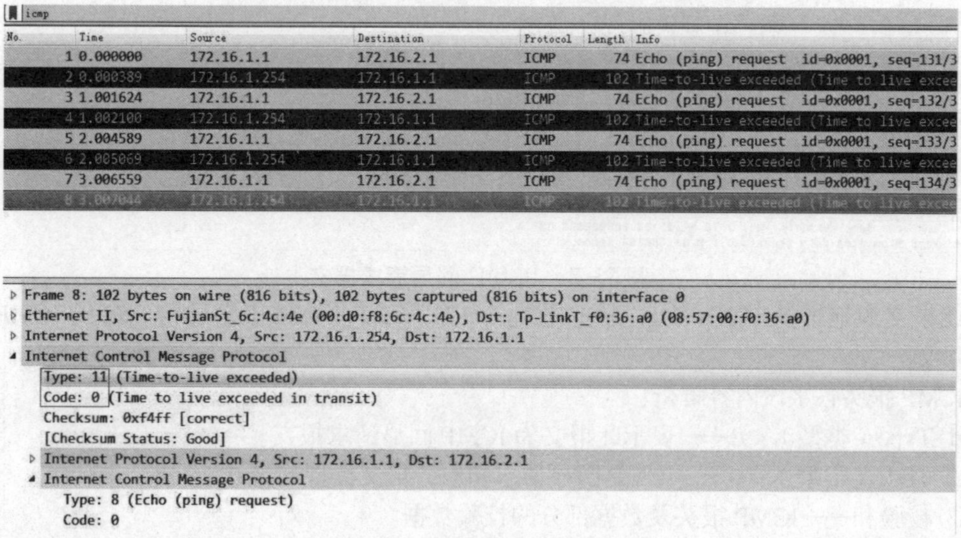

图 3-5　超时 ICMP 报文

从捕获到的超时 ICMP 报文可以看到，发送报文的源端为路由器 R1。

ICMP 报头各字段内容解析：

① Tpye（类型）：11——表示此报文为 ICMP 超时报文。

② Code（代码）：0——说明此报文为生存时间到期 ICMP 报文，当代码为 1 时，说明此报文为分片 IP 包未能在规定时间内全部到达目的端的超时报文。

③ 数据——数据部分为被丢弃报文的 IP 报头的部分。

（四）捕获分析回显请求和应答 ICMP 报文

步骤 1： 在路由器 R2 上配置静态路由，实现 PC1 与 PC2 网络的互通。

R2(config)#ip route 172.16.1.0 255.255.255.0 10.1.1.1

步骤 2： 在 PC1 中开启 Wireshark 抓包软件进行数据包捕获，并设置过滤器只显示 ICMP 协议。

步骤 3： 在 PC1 中的命令行窗口中 ping PC2 的地址 172.16.2.1，如图 3-6 所示。

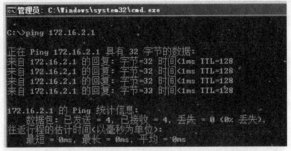

图 3-6　ping PC2 的 IP 地址

步骤 4： 在 PC1 中捕获到 ICMP 回显请求报文，如图 3-7 所示。

No.	Time	Source	Destination	Protocol	Length	Info
→ 1	0.000000000	172.16.1.1	172.16.2.1	ICMP	98	Echo (ping) request id=0x0b72, seq=11/2816, ttl=64 (reply in 2)
← 2	0.000326422	172.16.2.1	172.16.1.1	ICMP	98	Echo (ping) reply id=0x0b72, seq=11/2816, ttl=64 (request in 1)
4	1.024057207	172.16.1.1	172.16.2.1	ICMP	98	Echo (ping) request id=0x0b72, seq=12/3072, ttl=64 (reply in 5)
5	1.024398503	172.16.2.1	172.16.1.1	ICMP	98	Echo (ping) reply id=0x0b72, seq=12/3072, ttl=64 (request in 4)

```
▶ Frame 1: 98 bytes on wire (784 bits), 98 bytes captured (784 bits) on interface 0
▶ Ethernet II, Src: Vmware_53:ee:da (00:0c:29:53:ee:da), Dst: IntelCor_63:54:5c (a4:4e:31:63:54:5c)
▶ Internet Protocol Version 4, Src: 172.16.1.1, Dst: 172.16.2.1
▼ Internet Control Message Protocol
    Type: 8 (Echo (ping) request)
    Code: 0
    Checksum: 0x91a1 [correct]
    [Checksum Status: Good]
    Identifier (BE): 2930 (0x0b72)
    Identifier (LE): 29195 (0x720b)
    Sequence number (BE): 11 (0x000b)
    Sequence number (LE): 2816 (0x0b00)
    [Response frame: 2]
    Timestamp from icmp data: Mar 25, 2018 01:15:04.000000000 CST
    [Timestamp from icmp data (relative): 0.011369368 seconds]
```

图 3-7　ICMP 回显请求报文

此报文源地址为 172.16.1.1，目的地址为 172.16.2.1，为 PC1 发送给 PC2 的 ICMP 回显请求报文。

ICMP 报头各字段内容解析：

① Type（类型）：8——表示此报文为 ICMP 回显请求报文。

② Code（类型）：0——ICMP 回显请求和应答报文类型均为 0。

③ 校验和——ICMP 报头及数据部分的校验数据。

④ 标识符——帮助确认 ICMP 回显应答报文，即正对此请求的应答报文中的标识符也为 512。

⑤ 序列号——帮助确认 ICMP 回显应答报文。

⑥ 数据——填充数据。

步骤 5：捕获到的 ICMP 回显应答报文，如图 3-8 所示。

```
| icmp                                                                                                          |X| |□| ▼ 表达式...
No.        Time            Source              Destination          Protocol  Length  Info
→          1 0.000000000    172.16.1.1          172.16.2.1           ICMP          98  Echo (ping) request  id=0x0b72, seq=11/2816, ttl=64 (reply in 2)
←          2 0.000326422    172.16.2.1          172.16.1.1           ICMP          98  Echo (ping) reply    id=0x0b72, seq=11/2816, ttl=64 (request in 1)
           4 1.024057207    172.16.1.1          172.16.2.1           ICMP          98  Echo (ping) request  id=0x0b72, seq=12/3072, ttl=64 (reply in 5)
           5 1.024398503    172.16.2.1          172.16.1.1           ICMP          98  Echo (ping) reply    id=0x0b72, seq=12/3072, ttl=64 (request in 4)

▶ Frame 2: 98 bytes on wire (784 bits), 98 bytes captured (784 bits) on interface 0
▶ Ethernet II, Src: IntelCor_63:54:5c (a4:4e:31:63:54:5c), Dst: Vmware_53:ee:da (00:0c:29:53:ee:da)
▶ Internet Protocol Version 4, Src: 172.16.2.1, Dst: 172.16.1.1
▼ Internet Control Message Protocol
   Type: 0 (Echo (ping) reply)
   Code: 0
   Checksum: 0x99a1 [correct]
   [Checksum Status: Good]
   Identifier (BE): 2930 (0x0b72)
   Identifier (LE): 29195 (0x720b)
   Sequence number (BE): 11 (0x000b)
   Sequence number (LE): 2816 (0x0b00)
   [Request frame: 1]
   [Response time: 0.326 ms]
   Timestamp from icmp data: Mar 25, 2018 01:15:04.000000000 CST
```

图 3-8　ICMP 回显应答报文

此报文的源 IP 地址为 172.16.2.1，目的 IP 地址为 172.16.1.1，为 PC2 发送给 PC1 的 ICMP 回显应答报文。

ICMP 报头各字段内容解析：

① Type（类型）：0——ICMP 回显应答报文类型为 0。

② Code（代码）：0——ICMP 回显报文代码均为 0。

二、ICMP 重定向

ICMP 重定向报文是 ICMP 控制报文中的一种。在特定情况下，当路由器检测到一台机器使用非优化路由的时候，它会向该主机发送一个 ICMP 重定向报文，请求主机改变路由。路由器也会把初始数据报文向它的目的地转发，攻击者往往会利用 ICMP 重定向报文达到欺骗的目的。

步骤 1：设定实验环境。

配置路由器各端口、PC 机 IP 地址，配置静态路由实现基础网络互通，如图 3-9 所示。为了便于抓包进行协议分析，配置端口映射，具体配置为

SW(config)#monitor session 1 destination interface FastEthernet 0/24　　　　　! 配置端口映射，镜像端口

SW(config)#monitor session 1 source interface FastEthernet 0/1 – 10 both

　　　　　　　　　　　　　　　　　　　　　　　　　　! 配置端口映射，被镜像端口

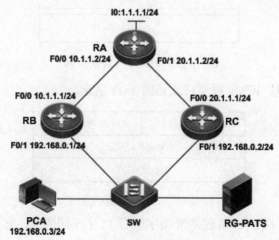

图 3-9　ICMP 重定向实验环境

步骤 2：使用网络协议分析仪采集 ICMP 重定向数据包。

首先打开网络协议分析仪，选择网卡并点击开始采集数据。在 PCA 上使用 ping –t 命令，ping 远端地址 1.1.1.1。然后登录到路由器 RB，使用 shutdown 命令关闭路由器的 F0/0 接口。此时 PCA 会出现目标主机无法访问提示信息，过一会 PCA 又 ping 通了 1.1.1.1。最后，停止协议分析仪采集数据包，并找到 ICMP 重定向报文进行分析。

通过以上实验说明，当路由器 RA 接口 F0/0 关闭时，路由器 RA 无法将 PCA 的数据包发送给 1.1.1.1 时，则路由器 RA 向 PCA 发送一个 ICMP 重定向报文，通告 PCA 去往 1.1.1.1 的路由发生改变，将其默认网关改为 192.168.0.2。

步骤 3：使用网络协议分析仪编辑 ICMP 重定向数据。

使用网络协议分析仪的协议数据发生器编辑 ICMP 重定向数据包，模拟路由器 RA 发送 ICMP 重定向数据包，改变 PCA 去往 1.1.1.1 的路由表项，从而实现 ICMP 重定向攻击。

【知识链接】

1. ICMP

IP 协议是一种不可靠无连接的包传输，当数据包经过多个网络传输后，可能出现错误、目的主机不响应、包拥塞和包丢失等。为了处理这些问题，在 IP 层引入了一个子协议 ICMP（Internet Control Message Protocol）。该协议是 TCP/IP 集中的一个子协议，属于网络层协议，主要用于在网络设备之间传递控制信息，包括报告错误、交换受限控制和状态信息等。当遇到 IP 数据无法访问目标、IP 路由器无法按当前的传输速率转发数据包等情况时，会自动发送 ICMP 消息。ICMP 数据报文有两种形式：差错数据报文和查询数据报文。ICMP 数据报文封装在 IP 数据报文里传输。ICMP 报文可以被 IP 层、传输层协议和用户进程使用。ICMP 与 IP 一样，都是不可靠传输，ICMP 的信息也可能会丢失。为了防止 ICMP 信息无限制地连续发送，对于 ICMP 数据报文传输中发生的问题，将不再发送 ICMP 差错报文。

1）ICMP 报文的封装。ICMP 有两种报文：差错报文和查询报文。两种报文都是封装在 IP 报文中进行传输的，具体的封装格式如图 3-10 所示。

图 3-10 ICMP 报文封装

2）ICMP 报文格式。ICMP 报文格式如图 3-11 所示。

类型 8 位	代码 8 位	校验和 16 位
首部的其余部分		
数据部分		

图 3-11 ICMP 报文格式

ICMP 类型和代码字段——8 位的类型字段有 15 个不同的值，它与 8 位代码字段共同决定各种类型的 ICMP 报文。

校验和字段——对 ICMP 整个报文中每个 16bit 进行二进制反码求和。

3）ICMP 报文的主要类型。

ICMP 报文可以分为两大类：差错报告和查询报文。差错报告报文是用于当路由器或主机在处理数据过程出现问题的时候进行报告。查询报文用于帮助网络管理员从一个网络设备上得到特定的信息，例如某个主机是否可达，中间经过哪些路由等。基于功能的不同，ICMP 报文分成很多类型，各类 ICMP 报文如表 3-1 所示。

表 3-1　ICMP 报文类型

种　　类	类　　型	报　　文
差错报告报文	3	目的端不可达
	4	源端抑制
	11	超时
	12	参数问题
	5	改变路由
查询报文	8 或 0	回送请求或回答
	13 或 14	时间戳请求或回答
	17 或 18	地址掩码请求或回答
	10 或 19	路由器查询和通告

2. 目的端不可达报文

当路由器在发送数据的时候无法送达目的地，或者目的主机无法将数据交付相应程序时就丢弃这个数据包，并向源主机发送一个目的端不可达报文。目的端不可达报文格式如图 3-12 所示。

类型：3	代码：0-15	校验和
未使用　全 0		
收到的 IP 数据报的一部分		

图 3-12　目的端不可达报文格式

在目的端不可达 ICMP 报文中，不同的代码值表示了不同的目的端不可达的原因，其中：

代码 0——网络不可达，这类报文只能由路由器产生。

代码 1——主机不可达，这类报文只能由路由器产生。

代码 2——协议不可达，原因可能为目标主机的相关协议未开启，此类报文只能由主机产生。

代码 3——端口不可达，数据报要交付的应用程序未运行。

代码 4——需要进行分段，但此数据的不分段字段被置位，导致数据无法送至目的端。

代码 5——源路由选择不能完成，数据中源路由选项定义的一个或多个路由器无法通过。

代码 6——目的网络未知，路由器不知道目的网络的存在。

代码 7——目的主机未知，路由器不知道目的主机的存在。

代码 8——源主机是孤立的。

代码 9——从管理上禁止与目的网络通信。

代码 10——从管理上禁止与目的主机通信。

代码 11——对指明的服务类型，网络不可达。

代码 12——对指明的服务类型，主机不可达。

代码 13——主机不可达，由于管理机构在主要处配置了过滤器。

代码 14——主机不可达，由于主机的优先级被破坏。

代码 15——主机不可达，由于其优先级被删除。

3. 超时 ICMP 报文

两种情况下会产生超时 ICMP 报文：当路由器收到一个生存时间字段值为 0 的数据报时，就丢弃这个数据报，并向源端发送超时报文；一个 IP 报文被分片后，所有的分片没有能够在一定时间内到达目的主机时，目的主机就将所有分片都丢弃掉，并向源端发送超时报文。

超时 ICMP 报文格式如图 3-13 所示。

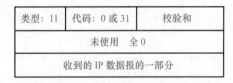

图 3-13 超时 ICMP 报文格式

代码为 0 时，此报文只由路由器产生，表示生存时间字段为 0；代码为 1 时，此报文只由主机产生，表示在规定时间内没有收到所有的分片。

4. 改变路由 ICMP 报文

当主机连接到多个路由器的时候，它发送一个数据包到另一个网络，通常主机的做法是将其交给自己的默认路由，但其实这个数据报本应当发给另一个路由器，这时收到此报文的路由器会将数据报转发给正确的路由器，并向主机发送一个改变路由 ICMP 报文，此后主机再发送数据报的时候会发给正确的路由器。改变路由报文格式如图 3-14 所示。

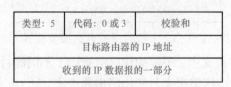

图 3-14 改变路由 ICMP 报文格式

5. 回显请求和回答报文

回显请求和回答是为查询网络连通性而设计的 ICMP 查询报文。回显请求和回答报文可以用来确定在源端和目的端是否可以实现 IP 级的通信。主机或路由器发送一个回显请求给另一个主机或路由器，收到回显请求的主机或路由器创建回显应答 ICMP 报文，发送给源端，源端收到回显应答报文后要判断目的主机是否可达。ICMP 回显请求及应答报文格式如图 3-15 所示。

类型: 0 或 8	代码: 0	校验和
标识符		序号
请求报文发送，回答报文重复		

图 3-15 ICMP 回显请求及应答报文格式

类型为 8 时为回显请求报文，类型为 0 时为回显应答报文。

6. 时间戳请求和回答报文

两台设备之间可以使用时间戳请求和时间戳回答报文，确定 IP 数据报在这两个机器之间往返所需时间，可以用于两台设备的时钟的同步。ICMP 时间戳的报文格式如图 3-16 所示。

类型: 13 或 14	代码: 0	校验和
标识符		序号
原始时间戳		
接收时间戳		
发送时间戳		

图 3-16 ICMP 时间戳请求和时间戳回答报文格式

源端创建时间戳请求报文，源端在报文离开源端时在原始时间戳填入自己时钟显示的时间，其他两个时间戳中填入 0。目的端收到时间戳请求后创建时间戳应答报文。其中，原始时间戳与发送端相同，接收时间戳填入自己接收到时间戳请求报文的时间，发送时间戳填入目的端在发送时间戳应答报文的时间。

由此可以计算出从源端到目的端发送时间 = 接收时间戳的值 – 原始时间戳的值，接收时间 = 返回时间 – 发送时间戳的值，往返时间 = 发送时间 + 接收时间。若准确的单向时间可以确定，时间戳请求和回答报文可以用来同步双方机器的时钟。

【拓展练习】

1）实训室环境所使用的操作系统默认的 TTL 值是多少？

2）运行 ping 127.0.0.1，再运行 ping 本机名（或本机 IP 地址），查看在监测机端是否捕获到相应的 ICMP 回显请求报文。

3）ICMP 重定向可以实现哪些攻击？

 任务2 IP 路由选择与控制

【任务描述】

华达公司设有总公司和分公司，通过 RIP 动态路由协议实现互联互通，并通过双线路接入互联网，网络拓扑图如图 3-17 所示。现要求 172.16.0.0/16 网段用户通过 ISP1 接入互联网，192.168.0.0/16 网段用户通过 ISP2 接入互联网；要求分公司网络相对独立，总公司用户不能访问分公司资源，但分公司用户可以访问总公司资源；随着业务状态变化，做相应调整，要求分公司仅 172.16.1.0/24 网段不能被总公司访问，其他网段仍需互联互通。请网络管理员根据上述要求完成配置。

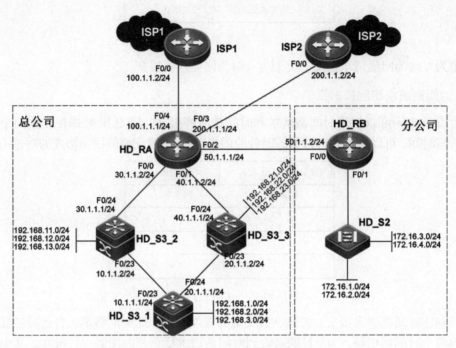

图 3-17 网络拓扑图

【任务分析】

采用策略路由技术来实现不同网段内网用户从不同线路接入互联网；采用被动接口技术限制总公司与分公司之间的互联，促使该接口不能发送分公司的路由更新；采用分发列表技术将访问控制列表用于路由选择更新，限制该访问控制列表所定义的地址段不能发送路由更新。

【任务实现】

一、策略路由配置

现要求企业网络 172.16.0.0/16 网段用户通过 ISP1 接入互联网，192.168.0.0/16 网段用户通过 ISP2 接入互联网，即根据不同的 IP 源地址选择不同的路由。在网络原有路由的基础上，在路由器 HD_RA 上配置策略路由，实现双线路接入互联网。具体配置如下：

```
HD_RA(config)#access-list 10 permit ip 172.16.0.0 0.0.255.255     !定义编号为 10 的地址段，
HD_RA(config)#access-list 10 permit ip 192.168.0.0 0.0.255.255    !定义编号为 20 的地址段
HD_RA(config)#route-map rj permit 10                    !配置策略路由，编号为 10
HD_RA(config-route-map)#match ip address 10             !匹配地址段 10
HD_RA(config-route-map)#set ip next-hop 100.1.1.2       !设置下一跳地址为 100.1.1.2
HD_RA(config-route-map)#route-map rj permit 20          !配置策略路由，编号为 20
HD_RA(config-route-map)#match ip address 20             !匹配地址段 20
HD_RA(config-route-map)#set ip next-hop 200.1.1.2       !设置下一跳地址为 100.1.1.2
HD_RA(config-route-map)#route-map rj permit 30          !配置策略路由，编号为 30
```

HD_RA(config-route-map)#set interface null 0
HD_RA(config-route-map)#exit
HD_RA(config)#interface fastethernet f0/4　　　　　　　　! 进入 fastEther0/4 端口模式
HD_RA(config-if)#ip policy route-map rj　　　　　　　　! 在端口上应用策略路由 rj

配置后路由器对入站的数据包实现策略路由，根据不同的数据源选择不同的路径。

二、被动接口配置

现要求分公司网络相对独立，总公司用户不能访问分公司资源。网络管理员可在分公司的路由器 HD_RB 的 RIP 协议中配置被动接口（passive-interface），不发送路由更新报文，但还可以接收路由更新报文，实现对分公司路由信息的过滤，具体配置如下：

HD_RB（config)#router rip　　　　　　　　　　　　　! 进入 RIP 路由模式
HD_RB(config-rip)#passive-interface fastEhternet 0/0　! 将路由器 F0/0 端口设为被动端口

配置前查看总公司任何一台路由设备的路由表，比如 HD_S3_2，情况如下：

```
     10.0.0.0/24 is subnetted, 1 subnets
C    10.1.1.0 is directly connected, FastEthernet0/23
     20.0.0.0/24 is subnetted, 1 subnets
R    20.1.1.0 [120/1] via 10.1.1.1, 00:00:13, FastEthernet0/23
     30.0.0.0/24 is subnetted, 1 subnets
C    30.1.1.0 is directly connected, FastEthernet0/24
     40.0.0.0/24 is subnetted, 1 subnets
R    40.1.1.0 [120/1] via 30.1.1.2, 00:00:17, FastEthernet0/24
     50.0.0.0/24 is subnetted, 1 subnets
R    50.1.1.0 [120/1] via 30.1.1.2, 00:00:17, FastEthernet0/24
     100.0.0.0/24 is subnetted, 1 subnets
R    100.1.1.0 [120/1] via 30.1.1.2, 00:00:17, FastEthernet0/24
     172.16.0.0/24 is subnetted, 4 subnets
R    172.16.1.0 [120/2] via 30.1.1.2, 00:00:02, FastEthernet0/24
R    172.16.2.0 [120/2] via 30.1.1.2, 00:00:02, FastEthernet0/24
R    172.16.3.0 [120/2] via 30.1.1.2, 00:00:02, FastEthernet0/24
R    172.16.4.0 [120/2] via 30.1.1.2, 00:00:02, FastEthernet0/24
R    192.168.1.0/24 [120/1] via 10.1.1.1, 00:00:13, FastEthernet0/23
R    192.168.2.0/24 [120/1] via 10.1.1.1, 00:00:13, FastEthernet0/23
R    192.168.3.0/24 [120/1] via 10.1.1.1, 00:00:13, FastEthernet0/23
C    192.168.11.0/24 is directly connected, FastEthernet0/1
C    192.168.12.0/24 is directly connected, FastEthernet0/2
C    192.168.13.0/24 is directly connected, FastEthernet0/3
R    192.168.21.0/24 [120/2] via 10.1.1.1, 00:00:13, FastEthernet0/23
                     [120/2] via 30.1.1.2, 00:00:17, FastEthernet0/24
R    192.168.22.0/24 [120/2] via 10.1.1.1, 00:00:13, FastEthernet0/23
                     [120/2] via 30.1.1.2, 00:00:17, FastEthernet0/24
R    192.168.23.0/24 [120/2] via 10.1.1.1, 00:00:13, FastEthernet0/23
                     [120/2] via 30.1.1.2, 00:00:17, FastEthernet0/24
R    200.1.1.0/24 [120/1] via 30.1.1.2, 00:00:17, FastEthernet0/24
R*   0.0.0.0/0 [120/1] via 30.1.1.2, 00:00:17, FastEthernet0/24
```

配置后查看总公司任何一台路由设备的路由表，比如 HD_S3_2，情况如下：

```
     10.0.0.0/24 is subnetted, 1 subnets
C    10.1.1.0 is directly connected, FastEthernet0/23
```

20.0.0.0/24 is subnetted, 1 subnets

R   20.1.1.0 [120/1] via 10.1.1.1, 00:00:16, FastEthernet0/23

30.0.0.0/24 is subnetted, 1 subnets

C   30.1.1.0 is directly connected, FastEthernet0/24

40.0.0.0/24 is subnetted, 1 subnets

R   40.1.1.0 [120/1] via 30.1.1.2, 00:00:16, FastEthernet0/24

50.0.0.0/24 is subnetted, 1 subnets

R   50.1.1.0 [120/1] via 30.1.1.2, 00:00:16, FastEthernet0/24

100.0.0.0/24 is subnetted, 1 subnets

R   100.1.1.0 [120/1] via 30.1.1.2, 00:00:16, FastEthernet0/24

R   192.168.1.0/24 [120/1] via 10.1.1.1, 00:00:16, FastEthernet0/23

R   192.168.2.0/24 [120/1] via 10.1.1.1, 00:00:16, FastEthernet0/23

R   192.168.3.0/24 [120/1] via 10.1.1.1, 00:00:16, FastEthernet0/23

C   192.168.11.0/24 is directly connected, FastEthernet0/1

C   192.168.12.0/24 is directly connected, FastEthernet0/2

C   192.168.13.0/24 is directly connected, FastEthernet0/3

R   192.168.21.0/24 [120/2] via 10.1.1.1, 00:00:16, FastEthernet0/23

          [120/2] via 30.1.1.2, 00:00:16, FastEthernet0/24

R   192.168.22.0/24 [120/2] via 10.1.1.1, 00:00:16, FastEthernet0/23

          [120/2] via 30.1.1.2, 00:00:16, FastEthernet0/24

R   192.168.23.0/24 [120/2] via 10.1.1.1, 00:00:16, FastEthernet0/23

          [120/2] via 30.1.1.2, 00:00:16, FastEthernet0/24

R 200.1.1.0/24 [120/1] via 30.1.1.2, 00:00:16, FastEthernet0/24

R* 0.0.0.0/0 [120/1] via 30.1.1.2, 00:00:16, FastEthernet0/24

    认真对比前后的路由表，将会发现分公司的 172.16.0.0/16 地址段的路由条目不存在了，说明已达到了预期的效果。

    网络管理员也可以使用 ping 命令来验证总、分公司的互通情况，分析是否达到了预期的效果。

三、分发列表配置

    如果要求分公司仅 172.16.1.0 网段不希望被总公司访问，其他网段仍需互联互通，则可采用分发列表来实现，具体配置如下：

HD_RB（config）#access–list 10 permit 172.16.1.0 0.0.0.255 ! 定义 172.16.1.0/24 地址段

HD_RB（config）#router rip   ! 进入 RIP 路由模式

HD_RB（config–router）#no passive–interface fastEhternet 0/0 ! 关闭被动接口

HD_RB(config–router)#distribute–list 10 out FastEthernet 0/0 ! 启用分发列表

    配置完成后请观察路由表的变化，或使用 ping 命令验证效果。

【知识链接】

一、策略路由

    策略路由是一种比基于目标网络进行路由更加灵活的数据包路由转发机制。路由器将通过路由图决定如何对需要路由的数据包进行处理，路由图决定了一个数据包的下一跳转发路由器。通过使用基于策略的路由选择，能够根据数据包的源地址、目的地址、源端口、目的端口和协议类型让报文选择不同的路径。策略路由是一种入站机制，用于入站报文，对入站报文进行检测与判别。目前策略路由大体上分为三种：根据路由的目的地址实施策略路由，称之为目的地址路由；根据路由源地址实施策略路由，称之为源地址路由；根据报文大小来实施策略路由，称之为基于报文大小的策略路由。

1. 策略路由命令解析

1）route-map 命令。

该命令用于定义路由图，格式为：

route-map name [permit | deny][sequence-number]

name——route-map 的名称，拥有相同名称的 route-map 子句将组成一个 route-map。

permit——如果报文符合该子句中的匹配条件，同报文将被进行策略路由。

deny——如果报文符合该子句的匹配条件，同报文将不进行策略路由，而进行正常地转发。

sequence-number——该 route-map 子句的编号，如果不指定同系统会自动赋予一个编号，route-map 中的各子句按照编号的顺序执行。

2）match 命令。

该命令用于设置过滤规则，格式为：

match ip address {access-list-number|name} [...access-list-number|name]

access-list-number——标准访问控制列表或扩展访问控制列表的编号或名称，用于匹配入站报文。如果指定了多个访问列表，则与任一个列表匹配就算匹配。

min——最小报文长度（三层报文的长度）。

max——最大报文长度（三层报文的长度）。

3）set 命令。

set 相关命令如下：

set ip next-hop ip-address[...ip-address]——设置策略下一跳。

set interface——设置策略路由出口。

set ip default next-hop——设置策略路由默认下一跳。

set default interface——设置策略路由默认出口。

set ip tos——设置报文 IP 头中的 TOS。

set ip precedence——设置报文 IP 头中的优先级。

4）应用配置策略路由。

ip policy route-map name

2. 策略路由配置示例

1）基于源地址的策略路由。该示例网络拓扑图如图 3-18 所示，要求实现 10.1.0.0/16 地址段用户接入 ISPA，20.1.0.0/16 地址段用户接入 ISPB，具体配置如下：

RouterA(config)#access-list 1 permit ip 10.1.0.0 0.0.255.255

RouterA(config)#access-list 2 permit ip 10.2.0.0 0.0.255.255

RouterA(config)#route-map ruiie permit 10

RouterA(config-route-map)#match ip address 10

RouterA(config-route-map)#set ip next-hop 192.168.6.6

RouterA(config-route-map)#route-map ruiie permit 20

RouterA(config-route-map)#match ip address 20

RouterA(config-route-map)#set ip next-hop 172.16.7.7

RouterA(config-route-map)#route-map ruiie permit 30

RouterA(config-route-map)#set interface null0
RouterA(config)#interface fastEthernet 1/0
RouterA(config-if)#ip policy route-map ruiie

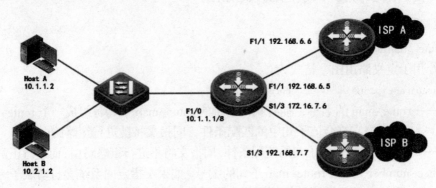

图 3-18　基于源地址的策略路由网络拓扑图

2）基于目的地址的策略路由。该示例网络拓扑图如图 3-19 所示，要求实现访问 192.168.10.0 地址段走线路 1（双绞线），实现访问 192.168.20.0 地址段走线路 2（同异步串口线），具体配置如下：

RouterA(config)#interface fastEthernet1/0
RouterA(config-if)#ip policy route-map net1
RouterA(config)#route-map net1 permit 10
RouterA(config-route-map)#match ip address 100
RouterA(config-route-map)#set ip next-hop 172.17.1.2
RouterA(config)#route-map net permit 20
RouterA(config-route-map)#mathch ip address 110
RouterA(config-route-map)#set ip next-hop 10.1.1.1
RouterA(config)#route-map net1 permit 30
RouterA(config-route-map)#set interface Null 0
RouterA(config)#ip access-list 100 permit ip any 192.168.10.0 0.0.0.255
RouterA(config)#ip access-list 110 permit ip any 192.168.20.0 0.0.0.255

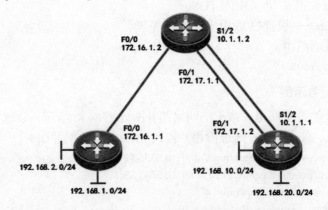

图 3-19　基于目的地址的策略路由网络拓扑图

二、被动接口与单播更新

被动接口将阻止通过该接口发送指定协议的路由选择更新。被动接口不参与路由进程中，在 OSPF 路由域中，该接口将不发送 OSPF 的 HELLO 报文，所以该接口就不可能有邻居的存在，也不会交换路由。RIP 路由器接口配置了 passive-interface 后，不发送路由更新报文，但是还可以接收路由更新报文，而且 RIP 可以通过定义邻居的方式只给指定的邻居发送更新报文。使用这种方法可以很好地控制路由更新的流向，避免不必要的链路资源的浪费。

1）被动接口命令解析。

Passive-interface type number [default]

type number——指定不发送路由选择更新（对于链路状态路由选择协议是建立邻接关系）的接口类型和接口号。

default——将路由器所有接口的默认状态设为被动状态。

2）被动接口配置示例。如图 3-20 所示，在路由器 RB 上配置被动接口，F0/1 端口不发送路由更新，配置如下：

RB（config)#router rip
RB(config-router)#passive-interface fastEthernet 0/1

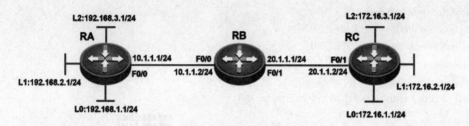

图 3-20 被动接口配置网络拓扑图

3）单播更新配置示例。如图 3-21 所示，在路由器 RA 上配置单播更新，配置如下：

RA(config)#router rip
RA(config-router)#passive-interface fastEthernet 0/0
RA(config-router)#neighbor 172.1.1.3

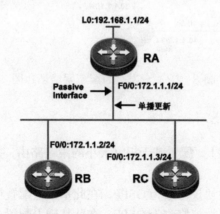

图 3-21 单播更新配置网络拓扑图

三、分发列表

分发列表可以用来控制路由更新，它需要用到访问控制列表。一般情况下，访问控制列表并不能控制由路由器自己生成的数据流，但是如果将访问控制列表应用到分发列表，同时可以用来允许、拒绝路由选择更新。分发列表能够将访问控制列表用于路由选择更新。分发列表有 3 种应用方式，分别是入站接口、出站接口和路由重分发。

1）分发列表命令解析。

Distribute-list {access-list-namelgateway ip-prefix-listlprefix

ip-prefix-list [gateway ip-prefix-list]}{inlout}[interface-idlprotocol-type]

gateway——只能过滤进来报文的源地址 IP 和掩码，所以它不能应用于 out 选项，它不是对报文中的路由信息进行过滤。

prefix——可以对进来或出去的报文中的路由信息的目的地址 IP 和掩码进行过滤，所以它过滤完后还可以跟 gateway 对报文源地址再进行过滤。

对 OSPF 该命令除了满足上述规则外，它对输出的路由（out 选项）没有接口过滤配置，只能配置协议过滤。如果没有指定任何接口和协议，则表示对所有接口和协议都生效。

2）分发列表配置示例。

如图 3-22 所示，在路由器 RA 上配置单播更新，配置如下：

RA(config)#access-list 10 permit 192.168.0.0 0.0.255.255

RA(config)#router rip

RA(config-router)#version 2

RA(config-router)#network 30.1.1.0

RA(config-router)#network 40.1.1.0

RA(config-router)#network 20.1.1.0

RA(config-router)#no auto-summary

RA(config-router)#distribute-list 10 in FastEthernet 0/0

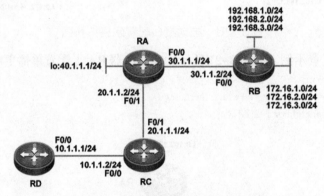

图 3-22　分发列表配置网络拓扑图

【拓展练习】

1）在该任务的网络基础上，配置基于报文大小的策略路由，报文大小 1-500B 走 ISP1 线路，501B 以上走 ISP2 线路。

2）将该任务的动态路由协议修改为 OSPF，在此基础上配置被动接口并验证效果。

3）将该任务的动态路由协议修改为 OSPF，在此基础上配置分发列表并验证效果。

 NAT 地址转换

【任务描述】

华达公司企业网需要接入互联网，要求企业内部用户能够访问 Internet 资源，并能有效控制访问范围，以保障内网的安全性。与此同时外网用户能够分别使用 218.75.34.3/29、218.75.34.4/29 两个 IP 地址访问内网 Web、FTP 服务器。该网络拓扑如图 3-23 所示。通过 NAT 地址转换技术，企业可使用较少的互联网有效 IP 地址，就能获得互联网接入的能力，有效地缓解地址不足的问题，同时提供了一定的安全性。

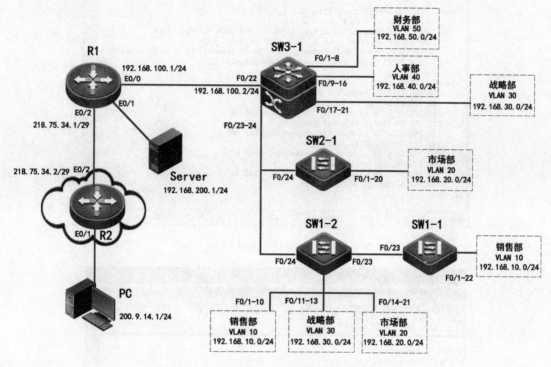

图 3-23　NAT 地址转换网络拓扑图

【任务分析】

　　企业网用户能够访问外网资源，需要在三层交换机 SW3-1 和路由器 R1 上配置默认路由，在 R1 上进行 NAT 地址转换，即将内部私用地址转换为公网地址；设定哪些用户可以访问外网资源，哪些用户不能访问，可通过访问控制列表定义数据流；外网用户访问企业内网服务器资源，可通过端口映射配置将内网服务器地址和端口映射到 R1 服务器外网端口所约定的 IP 地址段和端口上。

【任务实现】

一、路由检测与设置

　　使用以下命令检查内网的三层交换机 SW3-1 和路由器 R1 相应的路由配置，结果如图 3-24 和 3-25 所示。

```
SW3-1#show ip route          ! 查看交换机路由表
R1#sh ip route               ! 查看路由器路由表
```

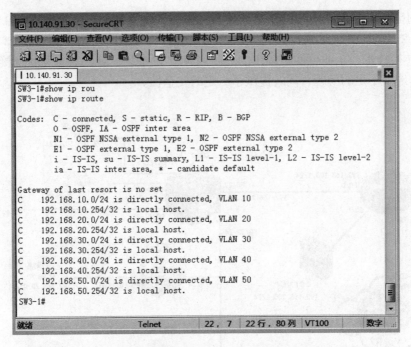

图 3-24　交换机 SW3-1 路由表

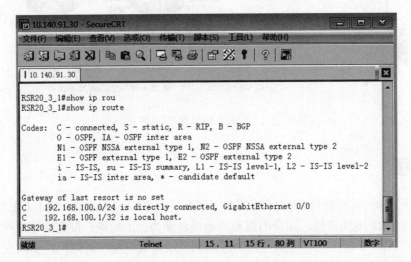

图 3-25　查看路由器路由配置

观察各路由设备是否配置指向外部的默认路由，结果如图 3-26 所示。如果没有该路由，则需要在每台路由设备上配置一条默认路由。

在三层交换机上配置默认路由，如图 3-27 所示：

SW3-1(config)# ip route 0.0.0.0 0.0.0.0 FastEthernet 0/22 　　!设置默认路由

　　或

SW3-1(config)# ip route 0.0.0.0 0.0.0.0 192.168.100.1 　　!设置默认路由

在路由器上配置默认路由：

R1(config)#ip route 0.0.0.0 0.0.0.0 Ethernet 0/2 　　!设置默认路由

　　或

R1(config)#ip route 0.0.0.0 0.0.0.0 218.75.34.2 　　!设置默认路由

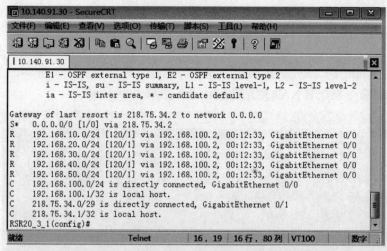

图 3-26 查看路由器 R1 上所配置的默认路由

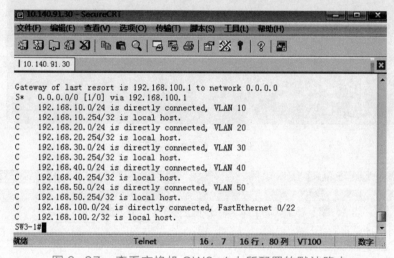

图 3-27 查看交换机 SW3-1 上所配置的默认路由

二、NAT 地址转换

步骤 1：配置外部端口。

R1(config)# interface Ethernet 0/2

R1(config-if)# ip nat outside   ! 配置外部端口

步骤 2：配置内部端口。

R1(config)# interface Ethernet 0/0

R1(config-if)#ip nat inside   ! 配置内部端口

R1(config-if)#exit

R1(config)#interface Ethernet 0/1

R1(config-if)#ip nat inside   ! 配置内部端口

R1(config-if)#exit

步骤 3：定义内部网络中允许访问 Internet 的访问列表。

R1(config)#access-list 1 permit any   ! 允许所有网段的用户访问外网

步骤 4：实现网络地址转换。

LH_R_1(config)#ip nat inside source list 1 interface Ethernet 0/2 overload

! 将规则 1 定义的地址映射在端口 e/2 上

步骤 5：验证结果。

分别在 SW1-1 和 SW2-1 的 F0/2 端口接入 PC，配置相对应的 IP 地址，ping 外网主机 200.9.14.1，若能 ping 通，则说明内网用户能够正常访问外网资源，如图 3-28 所示。也可以使用 show ip nat 命令来查看 NAT 地址转换状态，如图 3-29 所示。

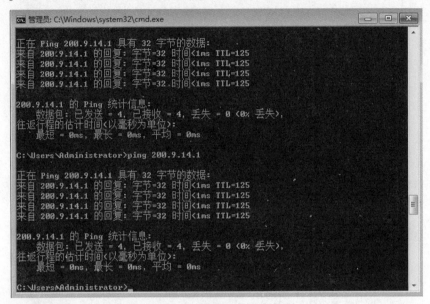

图 3-28 ping 外网主机

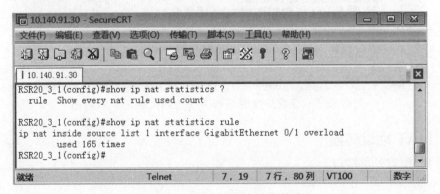

图 3-29 NAT 地址转换状态

三、限制用户访问外网

从管理需求和安全方面考虑，企业不一定希望内网用户都能访问互联网。网络管理员可以根据实际要求限制部分内网用户访问互联网，比如不允许销售部用户访问互联网，但其他部门用户均可访问。

将 access-list 1 permit any 修改为：

R1(config)#access-list 1deny 192.168.10.0   ! 禁止 192.168.10.0 网段的用户访问外网

R1(config)#access-list 1 permit any   ! 允许所有网段的用户访问外网

选择一台销售部 PC ping 外网主机 200.9.14.1，若不能 ping 通，则说明该内网用户被限制访问外网资源。

四、网络端口地址转换

内网服务器 IP 地址为 192.168.200.1，它的 80 端口（web 服务）映射到公网地址 218.75.34.3 的 80 端口上，它的 21 端口（FTP 服务）映射到公网地址 218.75.34.4 的 21 端口上。

```
R1(config)# ip nat inside source static tcp  192.168.200.1 80  218.75.34.3 80
        ！将内网地址 192.168.200.1 的 80 端口映射到公网地址 218.75.34.3 的 80 端口上
R1(config)# ip nat inside source static tcp  192.168.200.1 21  218.75.34.3 21
        ！将内网地址 192.168.200.1 的 21 端口映射到公网地址 218.75.34.3 的 21 端口上
```

配置完成后，在外网 PC 的浏览器地址栏中输入"http://218.75.34.3"访问内网服务器的 web 服务，在外网 PC 上使用 FTP 命令访问内网服务器的 FTP 服务，验证端口映射效果。

【知识链接】

一、NAT 技术

NAT（Network Address Translation，网络地址转换），它是一个 IETF(Internet Engineering Task Force, Internet 工程任务组) 标准，允许一个整体机构以一个公用 IP（Internet Protocol）地址出现在 Internet 上。它是一种把内部私有网络地址（IP 地址）翻译成合法网络 IP 地址的技术。NAT 的典型应用是将使用私有 IP 地址（RFC 1918）的园区、企业网络连接到 Internet。通过该技术路由器将私有地址转换为公用地址，使数据包能够发到因特网上，同时从因特网上接收数据包时，将公用地址转换为私有地址。注册 IP 地址空间将要耗尽，而 Internet 的规模仍在持续增长，随着 Internet 的增长，骨干互联网路由选择表中的 IP 路由数据也在增加，这引发了路由选择算法的扩展问题。NAT 是一种节约大型网络中注册 IP 地址并简化 IP 寻址管理任务的机制，它作为一种能解决 IPv4 地址短缺问题，并能通过隔离内外网络来提高内网安全性的技术方案，在很多国家都有很广泛的使用。

根据不同的需求，NAT 转换分为多种不同类型。

1）静态 NAT：按照一一对应的方式将每个内部 IP 地址转换为一个外部 IP 地址，这种方式经常用于企业网的内部设备需要能够被外部网络访问到时。

2）动态 NAT：将一个内部 IP 地址转换为一组外部 IP 地址（地址池）中的一个 IP 地址。

3）超载（Overloading）NAT：动态 NAT 的一种实现形式，利用不同端口号将多个内部 IP 地址转换为一个外部 IP 地址，也称为 PAT、NAPT 或端口复用 NAT。

二、NAT 配置

1. 动态地址转换

动态地址转换是指将内部网络的私有 IP 地址转换为公用 IP 地址时，IP 地址是不确定的，是随机的，所有被授权访问 Internet 的私有 IP 地址可随机转换为任何指定的合法 IP 地址。

1）动态 NAT 配置命令格式。

指定内部接口和外部接口：ip nat { inside | outside }

定义 IP 访问控制列表：access–list access–list–number { permit | deny }

定义一个地址池：ip nat pool pool–name start–ip end–ip { netmask netmask |　prefix–length prefix–length }

配置动态转换条目：ip nat inside source list access–list–number { interface interface | pool pool–name }

配置多路复用动态转换条目: ip nat inside source list access-list-number { interface interface | pool pool-name } overload

配置多路复用动态地址转换时,必须使用 overload 关键字,这样路由器才会将源端口也进行转换,以达到地址超载的目的。如果不指定 overload,路由器将执行动态 NAT 转换。

2)动态 NAT 配置示例。

按照图 3-30 所示的网络拓扑结构配置动态 NAT:

```
RA(config)#interface fastEthernet0/0
RA(config-if)#ip nat inside                                    ! 定义内部端口
RA(config-if)#interface fastEthernet0/1
RA(config-if)#ip nat outside                                   ! 定义外部端口
RA(config-if)#exit
RA(config)#access-list 10 permit 192.168.1.0 0.0.0.255         ! 定义 IP 访问控制列表
RA(config)#ip nat pool ap 100.1.1.1 100.1.1.200 netmask 255.255.255.0    !定义地址池
RA(config)#ip nat inside source list 10 pool ap overload       !配置动态转换条目
```

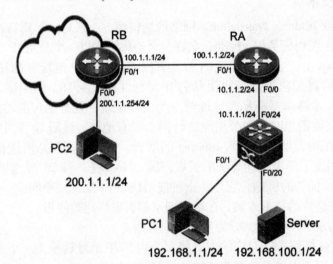

图 3-30　NAT 地址转换网络拓扑图

2. 配置静态内部源地址转换

按照一一对应的方式将每个内部 IP 地址转换为一个外部 IP 地址,多用于企业网内部服务器需要能够被外部网络访问时。

1)配置静态内部源地址转换命令格式。

指定内部接口和外部接口: ip nat { inside | outside }

配置静态转换条目:

ip nat inside source static local-ip { interface interface | global-ip }

2)静态内部源地址转换配置示例。

按照图 3-30 所示的网络拓扑结构配置静态内部源地址转换:

```
RA(config)#interface fastEthernet0/0
RA(config-if)#ip nat inside                                    ! 定义内部端口
RA(config-if)#interface fastEthernet0/1
RA(config-if)#ip nat outside                                   ! 定义外部端口
RA(config-if)#exit
RA(config)#ip nat inside source static 192.168.100.1 100.1.1.10    ! 配置静态源地址转换条目
```

3. 配置静态端口地址转换

静态端口地址转换将中小型的网络隐藏在一个合法的 IP 地址后面。它与动态地址 NAT 不同，它将内部连接映射到外部网络中一个单独的 IP 地址上，同时在该地址上加上一个由 NAT 设备选定的 TCP 端口号。

1）配置静态端口地址转换命令格式。

指定内部接口和外部接口：ip nat { inside | outside }

配置静态端口地址转换条目：ip nat inside source static { tcp | udp } local-ip local-port { interface interface | global-ip } global-port

2）静态端口地址转换配置示例。

```
RA(config)#interface fastEthernet0/0
RA(config-if)#ip nat inside                        ! 定义内部端口
RA(config-if)#interface fastEthernet0/1
RA(config-if)#ip nat outside                       ! 定义外部端口
RA(config-if)#exit
RA(config)#ip nat inside source static tcp 192.168.100.1 80  100.1.1.10 80
```
! 配置静态端口地址转换条目

【拓展练习】

1）NAT 技术主要用来解决什么问题？

2）动态 NAT 和静态 NAT 有什么区别，它们分别应用于什么场景？

任务4 IPSG：IP 源地址欺骗

【任务描述】

目前，公司内网已经架设了 DHCP 服务器并且通过 DHCP Snoop 技术有效防止了用户私架 DHCP 服务器以及恶意用户通过非法手段对 DHCP 服务器进行泛洪攻击。但网络管理员发现有个别用户存在手动私设 IP 的情况，导致出现网络内 IP 地址混乱、IP 地址被盗用等情况，如图 3-31 所示。现要求管理员采用相应的安全策略优化公司网络环境，合理解决 IP 源地址欺骗等问题。

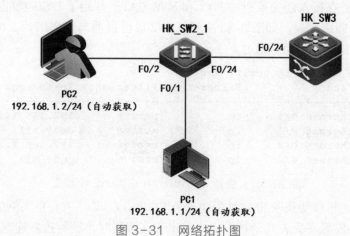

图 3-31　网络拓扑图

【任务分析】

在接入层交换机配置 DHCP Snoop 的基础上增加 IP 源防护配置。

【任务实现】

一、IP 源地址欺骗

在 PC2 上将 IP 地址由原先的自动获取手动改为 192.168.1.5/24，并保持与网关的连通性测试，如图 3–32 所示，发现在丢失几个数据包之后很快又能重新连通。这样网络内合法用户的 IP 地址很容易被非法主机仿冒，也容易造成乱改 IP 地址情况。

```
管理员: C:\Windows\system32\cmd.exe

C:\>ping 192.168.1.254 -t

正在 Ping 192.168.1.254 具有 32 字节的数据:
来自 192.168.1.254 的回复: 字节=32 时间=3ms TTL=64
来自 192.168.1.254 的回复: 字节=32 时间=3ms TTL=64
来自 192.168.1.254 的回复: 字节=32 时间=1ms TTL=64
PING: 传输失败。General failure.
PING: 传输失败。General failure.
PING: 传输失败。General failure.
PING: 传输失败。General failure.
来自 192.168.1.254 的回复: 字节=32 时间=2ms TTL=64
来自 192.168.1.254 的回复: 字节=32 时间=1ms TTL=64
来自 192.168.1.254 的回复: 字节=32 时间=6ms TTL=64
来自 192.168.1.254 的回复: 字节=32 时间=1ms TTL=64
```

图 3–32 修改 IP 地址并测试

二、IPSG（IP Source Guard，IP 源防护）技术

IPSG 是一种基于 IP/MAC 的端口流量过滤技术，它可以防止局域网内的 IP 地址欺骗攻击，能够确保网络中终端设备的 IP 地址不会被劫持，而且还能确保非授权设备不能通过自己指定 IP 地址的方式来访问网络或攻击网络。在 IPSG 配置前必须先配置 ip dhcp snooping。

具体配置如下：

```
HK_SW2_1(config)# ip dhcp snooping                    ! 开启 dchp snooping 功能
HK_SW2_1(config)#interface range fastEthernet 0/1–2
HK_SW2_1(config–if–range)#ip  verify  source          ! 开启端口上源 IP 报文检测功能
```

通过以上配置在接入层交换机的 F0/1 和 F0/2 号口上开启了 IPSG 功能，此时可以在交换机上查看到 IP 源绑定表，如图 3–33 所示，F0/2 口已自动与 192.168.1.2 的 IP 地址绑定，其他 IP 地址的数据都会被拒绝通过。

```
HK_SW2_1#show ip verify source
Interface            Filter-type Filter-mode Ip-address
-------------------- ----------- ----------- ---------------
FastEthernet 0/1     ip          active      192.168.1.1
FastEthernet 0/1     ip          active      deny-all
FastEthernet 0/2     ip          active      192.168.1.2
FastEthernet 0/2     ip          active      deny-all
```

图 3–33 查看 IP Source Guard 绑定表

再次在 PC2 上将自动获取 IP 地址手动改为 192.168.1.5/24，并保持与网关的连通性测试，如图 3–34 所示，发现在丢失几个数据包之后出现连接超时不能再重新连通。从而有效地解

决内部网络中私设 IP 地址等 IP 源地址欺骗问题。

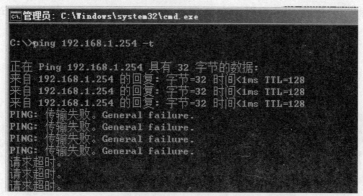

图 3-34 连接超时

另外，还可以开启源 IP+MAC 的报文检测，使端口同时与 DHCP 分配的 IP 地址和 PC 机的 MAC 地址绑定，这样 IPSG 就会以源 IP 地址和源 MAC 地址为条件进行双重过滤，如图 3-35 所示。

```
HK_SW2_1(config)#show ip verify source
Interface           Filter-type Filter-mode Ip-address       Mac-address     VLAN
------------------- ----------- ----------- ---------------- --------------- --------
FastEthernet 0/1    ip+mac      active      192.168.1.1      dc4a.3e87.4804  1
FastEthernet 0/1    ip+mac      active      deny-all         deny-all
FastEthernet 0/2    ip+mac      active      192.168.1.2      3c97.0ec7.45fd  1
FastEthernet 0/2    ip+mac      active      deny-all         deny-all
```

图 3-35 IPSG 的双重过滤

【知识链接】

IP 源地址欺骗

IP 源地址欺骗是一种基于 IP/MAC 的端口流量过滤技术，它可以防止局域网内的 IP 地址欺骗攻击。IPSG 能够确保第 2 层网络中终端设备的 IP 地址不会被劫持，而且还能确保非授权设备不能通过自己指定 IP 地址的方式来访问网络或攻击网络，导致网络崩溃及瘫痪。

交换机内部有一个 IP 源绑定表（IP Source Binding Table），作为每个端口接收到的数据包的检测标准，只有在两种情况下，交换机会转发数据：所接收到的 IP 包满足 IP 源绑定表中 Port/IP/MAC 的对应关系；所接收到的是 DHCP 数据包，其余数据包将被交换机做丢弃处理。IP 源绑定表可以由用户在交换机上静态添加，或者由交换机从 DHCP 监听绑定表（DHCP Snooping Binding Table）自动学习获得。静态配置是一种简单而固定的方式，但灵活性很差，因此 Cisco 建议用户最好结合 DHCP Snooping 技术使用 IP Source Guard，由 DHCP 监听绑定表生成 IP 源绑定表。

 访问控制列表

【任务描述】

华达公司鉴于各部门工作的信息安全需要，要求市场部不能访问服务器 Server，其他部门可以访问；要求销售部、市场部不能对财务部进行访问，其他部门可以对财务部进行访问；要求财务部禁止访问服务器 Server 的 FTP 服务，能访问 web 等其他服务，其他部门则没有此限制；不允许战略部用户双休日访问服务器 Server，其他时间可以访问。网络拓扑如图 3-36 所示。

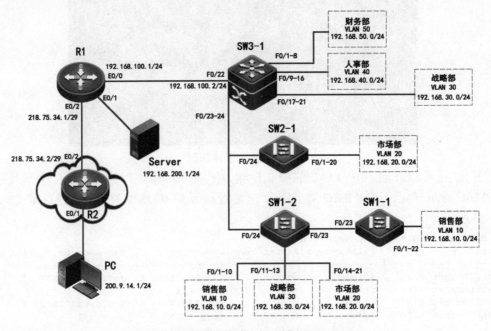

图 3-36　访问控制列表配置网络拓扑图

【任务分析】

市场部不能访问服务器 Server，即禁止 VLAN20 用户访问 192.168.200.1，可采用基于源地址的标准访问控制列表来限制 VLAN20 用户访问，并应用在 R1 的 E0/1 端口的出口方向；销售部、市场部不能访问财务部，即 VLAN 10、VLAN20 不能访问 VLAN50，可采用基于源地址、目标地址的扩展访问控制列表来限制 VLAN10、VLAN20 用户访问，并在三层交换机 SW3-1 上应用；财务部禁止访问服务器 FTP 服务，能访问 web 等服务，可采用基于源地址、源端口、目标地址、目标端口的扩展访问控制列表来限制 VLAN60 用户对 192.168.200.1 的 FTP 服务访问；不允许战略部用户双休日访问服务器 Server，可采用基于时间的访问控制列表，只允许周一至周五访问服务器。

【任务实现】

一、限制部门访问服务器

要求市场部不能访问服务器 Server，可采用基于源地址的标准访问控制列表来实现，具体配置如下：

```
R1(config)#access-list 10 deny  192.168.20.0 0.0.0.255        ! 禁止市场部访问
R1(config)#access-list 10 permit  any                         ! 允许任意网段访问
R1(config)#interface Ethernet 0/1
R1(config-if)#ip access-group 10 out                          ! 端口出口方向应用规则 10
```

二、限制部门间访问

要求销售部、市场部不能对财务部进行访问，可采用基于源地址、目标地址的扩展访问控制列表来实现，具体配置如下：

SW3-1(config)#access-list 100 deny ip 192.168.10.0 0.0.0.255 192.168.50.0 0.0.0.255
! 禁止销售部访问财务部
SW3-1 (config)#access-list 100 deny ip 192.168.20.0 0.0.0.255 192.168.50.0 0.0.0.255
! 禁止市场部访问财务部
SW3-1 (config)#access-list 100 permit ip any any　　　　! 其他部门访问财务部不限制
SW3-1 (config)# interface vlan 40
SW3-1 (config-if)#ip access-group 100 out　　　　! 在 VLAN40 的出口方向应用规则 100

三、限制访问服务器相关服务

要求财务部禁止访问服务器 Server 的 FTP 服务，可采用基于源地址、源端口、目标地址、目标端口的扩展访问控制列表来实现，具体配置如下：

SW3-1 (config)#access-list 101 deny tcp 192.168.50.0 0.0.0.255 host 192.168.200.1 eq 20
! 拒绝财务部用户访问服务器上的 FTP 服务
SW3-1 (config)#access-list101 deny tcp 192.168.50.0 0.0.0.255 host 192.168.200.1 eq 21
! 拒绝财务部用户访问服务器上的 FTP 服务
SW3-1 (config)#access-list 101 permit ip any any
! 允许任意访问
SW3-1 (config) #interface vlan 500
SW3-1 (config-if)#ip access-group 101 in　　　　! 在 VLAN500 的入口方向应用规则 101

四、时间访问限制

不允许战略部用户双休日访问服务器 Server，可采用基于时间的访问控制列表，具体配置如下：

SW3-1 (config)#time-range time1　　　　　　　! 定义 time1 时间段
SW3-1 (config-time-range)#periodic weekend 00:00 to 23:59　　! 设置双休日周期时间
SW3-1 (config-time-range)#exit
SW3-1 (config)#access-list 102 deny ip 192.168.30.0 0.0.0.255 host 192.168.200.1 time-range time1
　　　　　　　　　　　　　! 拒绝战略部用户某时间段访问服务器
SW3-1 (config)#access-list 102 permit ip any any　　　! 允许任意访问
SW3-1 (config) #interface vlan 300
SW3-1 (config-if)#ip access-group 102 in　　　　! 在 VLAN300 的入口方向应用规则 102

五、验证结果

在市场部接入 PC，配置相关 IP 后 ping 服务器地址 192.168.200.1；在其他部门中接入 PC，配置相关 IP 后 ping 服务器地址 192.168.200.1。若前者不通，后者通，则说明实施成功。

在销售部和市场部接入 PC，配置相关 IP 后 ping 财务部所接入的 PC（如 192.168.50.1）；在其他部门中接入 PC，配置相关 IP 后 ping 财务部所接入的 PC；若前者不通，后者通，则说明实施成功。

在财务部接入 PC，配置相关 IP 后使用 FTP 命令访问服务器的 FTP 服务；在财务部接入 PC，配置相关 IP 后通过浏览器访问服务器的 web 服务；若前者不能正常访问，后者能正常访问，则说明实施成功。

在战略部接入 PC，选择双休日和非双休日时间 ping 服务器，若前者不能正常 ping 通，后者能够正常 ping 通，则说明实施成功。

一、访问控制列表

访问控制是网络安全防范和保护的主要策略，它的主要任务是保证网络资源不被非法使用和访问。它是保证网络安全最重要的核心策略之一。访问控制涉及的技术比较广，包括入网访问控制、网络权限控制、目录级控制以及属性控制等多种手段。

访问控制列表（Access Control Lists，ACL）是应用在路由器接口的指令列表。这些指令列表用来告诉路由器哪些数据包可以收、哪些数据包需要拒绝。至于数据包是被接收还是拒绝，可以由类似于源地址、目的地址、端口号等的特定指示条件来决定。它具有安全控制、流量过滤、数据流量标识 3 个作用。

访问控制列表不但可以起到控制网络流量、流向的作用，而且在很大程度上可以起到保护网络设备、服务器的关键作用。作为外网进入企业内网的第一道关卡，路由器上的访问控制列表是保护内网安全的有效手段。

此外，在路由器的许多其他配置任务中都需要使用访问控制列表，如网络地址转换（Network Address Translation，NAT）、按需拨号路由（Dial on Demand Routing，DDR）、路由重分布（Routing Redistribution）、策略路由（Policy-Based Routing，PBR）等很多场合都需要访问控制列表。ACL 语句有两个部分，一个是条件，一个是操作，条件基本上是一个组规则，当 ACL 语句条件与比较的数据包内容匹配时，可以采取允许和拒绝两个操作。

二、标准和扩展访问控制列表

访问控制列表主要包括标准访问控制列表和扩展访问控制列表两种，标准访问控制列表只能过滤 IP 数据包头中的源 IP 地址，扩展访问控制列表可以过滤源 IP 地址、目的 IP 地址、协议（TCP/IP）、端口号等。

1. 标准访问控制列表

一个标准 IP 访问控制列表匹配 IP 包中的源地址或源地址中的一部分，可对匹配的包采取拒绝或允许两个操作。编号范围从 1 到 99 的访问控制列表是标准 IP 访问控制列表。

标准访问控制列表命令格式如下所示。

1）使用编号来创建标准访问控制列表。

使用编号创建 ACL：access-list listnumber { permit | deny } address [wildcard‐mask]

在接口上应用：ip access-group {id|name} {in|out}

in——当流量从网络网段进入路由器接口时

out——当流量离开接口到网络网段时

2）使用名称来创建标准访问控制列表。

定义 ACL 名称：ip access-list standard name

定义规则：{deny|permit [source wildcard any]}

在接口上应用：ip access-group {id|name} {in|out}

3）标准访问控制列表配置示例

按照图 3-37 所示的网络拓扑结构配置标准访问控制列表。

使用编号创建 ACL：

```
SW3(config)#access-list 1 permit host 192.168.1.1
SW3(config)#access-list 1 permit host 192.168.1.2
SW3(config)#interface fastEthernet 0/2
SW3(config-if)#ip access-group 1 out
```

使用名称创建 ACL：

```
SW3(config)#ip access-list standard  net1
SW3(config-std-nacl)#permit host 192.168.1.1
SW3(config-std-nacl)#permit host 192.168.1.2
SW3(config-std-nacl)#exit
SW3(config)#interface fastEthernet 0/2
SW3(config-if)#ip access-group net1 out
```

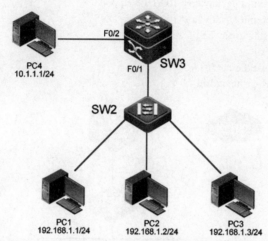

图 3-37　标准访问控制列表配置网络拓扑图

2. 扩展访问控制列表

扩展访问控制列表的 IP 访问表用于扩展报文过滤能力。一个扩展的 IP 访问表允许用户根据如下内容过滤报文：源和目的地址、协议、源和目的的端口以及在特定报文字段中允许进行特殊位比较的各种选项。

1）扩展访问控制列表命令格式。

① 使用编号来创建扩展访问控制列表。使用编号创建扩展 ACL：access-list listnumber { permit | deny } protocol source source- wildcard‐mask destination destination-wildcard‐mask [operator operand]

在接口上应用：ip access-group {id|name} {in|out}

② 使用命名来创建扩展访问控制列表。

使用名称创建扩展 ACL：ip acess-list extended name

定义规则：{deny|permit} protocol {source source-wildcard |host source| any}[operator port]

在接口上应用：ip access-group {id|name} {in|out}

2）扩展访问控制列表配置示例

按照图 3-38 所示的网络拓扑结构配置扩展访问控制列表。

使用编号创建 ACL：

```
SW3(config)#access-list 100 permit tcp any host 100.1.1.1 eq ftp
SW3(config)#access-list 100 permit tcp any host 100.1.1.1 eq ftp-data
```

```
SW3(config)#access-list 100 permit tcp any host 100.1.1.2 eq www
SW3(config)#access-list 100 permit tcp any host 100.1.1.3 eq smtp
SW3(config)#access-list 100 permit tcp any host 100.1.1.3 eq pop3
SW3(config)#access-list 100 permit udp any host 100.1.1.4 eq 53
SW3(config)#interface fastEthernet 0/1
SW3(config-if)#ip access-group 100 in
```

使用名称创建 ACL：

```
SW3(config)#ip access-list extended acl
SW3(config-ext-nacl)#permit tcp any host 100.1.1.1 eq ftp
SW3(config-ext-nacl)#permit tcp any host 100.1.1.1 eq ftp-data
SW3(config-ext-nacl)#permit tcp any host 100.1.1.2 eq www
SW3(config-ext-nacl)#permit tcp any host 100.1.1.3 eq smtp
SW3(config-ext-nacl)#permit tcp any host 100.1.1.3 eq pop3
SW3(config-ext-nacl)#permit tcp any host 100.1.1.4 eq DNS
SW3(config-ext-nacl)#deny ip any any
SW3(config-ext-nacl)#exit
SW3(config)#interface fastEthernet 0/2
SW3(config-if)#ip access-group acl in
```

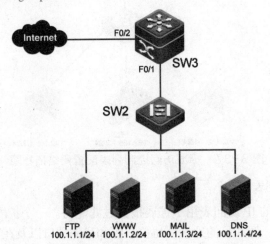

图 3-38　扩展访问控制列表配置网络拓扑图

三、基于时间的访问控制列表

有些公司可能要求上班时间不能上 QQ 和访问某网站，但周末可以自由上网，这就可以使用基于时间 ACL 来控制。基于时间的访问控制列表由两部分组成，第一部分是定义时间段，第二部分是用扩展访问控制列表定义规则。

1. 定义时间段和时间规则配置

定义时间段：time-range time-range-name

配置绝对时间：absolute { start time date [end time date] | end time date }

start time date——表示时间段的起始时间，time 表示时间，格式为 "hh:mm"，date 表示日期，格式为 "日 月 年"

end time date——表示时间段的结束时间，格式与起始时间相同。

示例——absolute start 08:00 1 Jan 2007 end 10:00 1 Feb 2008

配置相对时间：periodic day-of-the-week hh:mm to [day-of-the-week] hh:mm

periodic { weekdays | weekend | daily } hh:mm to hh:mm

day-of-the-week——表示一个星期内的一天或者几天。

（Monday，Tuesday，Wednesday，Thursday，Friday，Saturday，Sunday）

hh:mm——表示时间。

Weekdays——表示周一到周五。

Weekend——表示周六到周日。

Daily——表示一周中的每一天。

示例——periodic weekdays 09:00 to 18:00

2. 应用时间段

在扩展 ACL 规则中使用 time-range 参数引用时间段，只有配置了 time-range 的规则才会在指定的时间段内生效，其他未引用时间段的规则将不受影响。务必注意确保设备的系统时间的正确，否则将引起混乱。

命令格式为：access-list listnumber 　{ permit | deny } protocol source source- wildcard - mask destination destination-wildcard - mask [operator operand][time-range time-range-name]

3. 基于时间的 ACL 配置示例

要求在上班时间（8:00-17:00）不允许员工的主机（172.16.1.0/24）访问 Internet，下班时间可以访问 Internet 上的 Web 服务。网络拓扑如图 3-39 所示。

```
Router(config)#time-range time_work
Router(config-time-range)#periodic weekdays 09:00 to 17:00
Router(config-time-range)#exit
Router(config)#access-list 110 deny ip 172.16.1.0 0.0.0.255 any time-range time_work
Router(config)#access-list 110 permit tcp 172.16.1.0 0.0.0.255 any eq www
Router(config)#interface fastEthernet 1/1
Router(config-if)#ip access-group 110 in
```

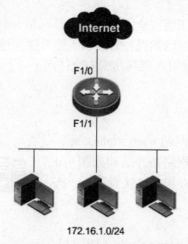

图 3-39　基于时间的 ACL 配置网络拓扑图

【拓展练习】

1）访问控制列表除了标准和扩展以外，还有哪些种类。

2）标准与扩展访问控制列表有什么区别。

3）如何运用访问控制列表配置服务器 Server(192.168.200.1) 禁 ping？

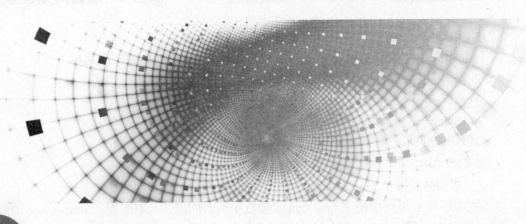

项目 4 配置应用层安全

在网络环境下，用户希望在访问网站或发送邮件时涉及机密、密码、隐私之类的信息能被保护。因此，这需要对相关信息进行加密解密处理，PKI 所提供的功能可以确保用户在网络传送接收信息的安全性，而用户只需拥有一组密钥就可支持 PKI 所提供的功能。为此，用户需要向证书颁发机构（Certification Authority，CA）申请证书来拥有与使用这组密钥。

 任务 1 安装 CA

【任务描述】

银河网络公司希望所有员工能安全访问公司内部网站 www.yinhe.com。公司系统管理员王强是如何让用户能够安全访问网站呢？管理员王强希望通过安装配置 CA 服务器，颁发相关证书，而用户只需信任 CA 就可实现网站的安全访问。

【任务分析】

要使员工能安全访问公司网站 www.yinhe.com，需要有一台 CA 服务器。公司网络拓扑结构如图 4-1 所示。可以先在 PC1 上安装 CA 服务，接着进行一些简单的配置。

具体步骤如下：

1）在 CA 服务器 PC1（Windows Sever 2008 R2）中安装 CA 服务。

2）在 CA 服务器 PC1 中配置 CA 服务。

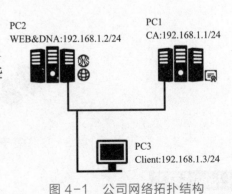

图 4-1 公司网络拓扑结构

【任务实现】

CA 包括企业根 CA、企业子级 CA、独立根 CA 与独立子级 CA。本节主要以图 4-1 中的 PC1 为例，介绍独立根 CA 的安装。可通过添加 Active Directory 证书服务角色的方式来安装独立根 CA。

步骤 1：单击 PC1（Windows Sever 2008 R2）的"开始"→"管理工具"→"服务器管理器"，打开"服务器管理器"，如图 4-2 所示。

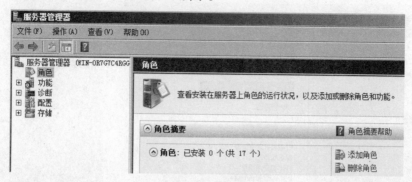

图 4-2　服务器管理器

步骤 2：在"服务器管理器"窗口左侧单击"添加角色"，进入"添加角色向导"界面，单击"下一步"按钮，如图 4-3 所示。

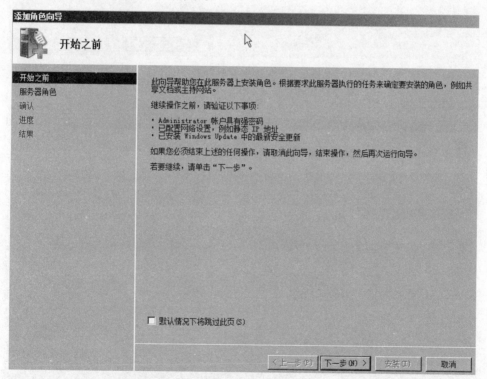

图 4-3　"添加角色向导"界面

步骤 3：在"选择服务器角色"界面，选择"Active Directory 证书服务"，然后单击"下一步"按钮，如图 4-4 所示。

步骤 4：在"Active Directory 证书服务简介"界面单击"下一步"按钮，如图 4-5 所示。

步骤 5：在图 4-6 所示界面中选择"证书颁发机构 Web 注册"选项，然后在弹出的"添加角色向导"界面点击"添加所需的角色服务（A）"，然后单击"下一步"按钮。

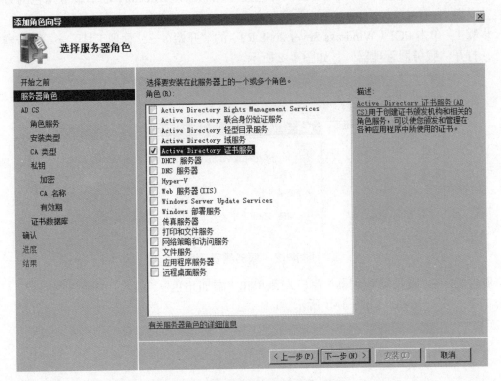

图 4-4 "选择服务器角色"界面

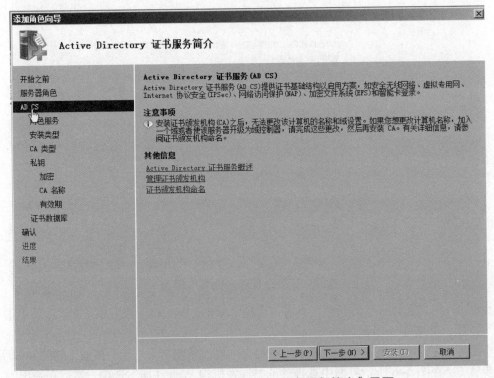

图 4-5 "Active Directory 证书服务简介"界面

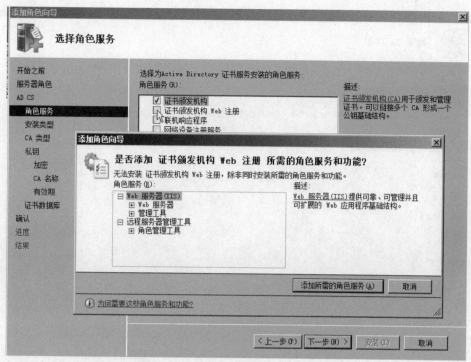

图 4-6 "添加所需的角色服务"界面

步骤 6：在"指定安装类型"界面选中"独立"选项，单击"下一步"按钮，如图 4-7 所示。注意如果该计算机是独立服务器将无法选择企业 CA。

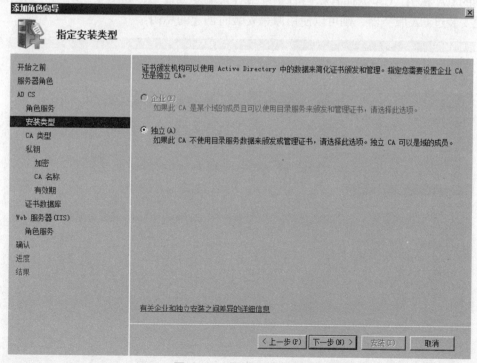

图 4-7 指定安装类型

步骤 7：在"指定 CA 类型"界面，选中"根 CA（R）"，单击"下一步"按钮，如图 4-8 所示。

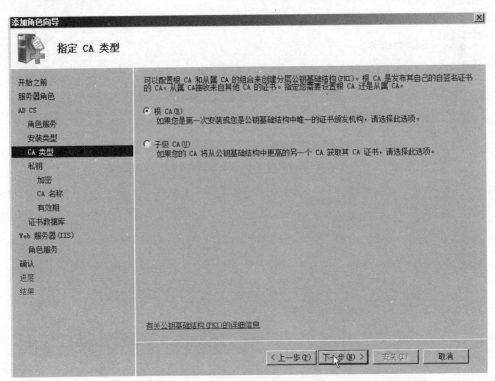

图 4-8　指定 CA 类型

步骤 8：在"设置私钥"界面选中"新建私钥"，单击"下一步"按钮。此步骤会创建一个新的 CA 私钥，CA 需拥有私钥后才可给客户端发放证书，如图 4-9 所示。如果该计算机曾经安装过 CA 服务器，则可以使用原来安装时创建的私钥。

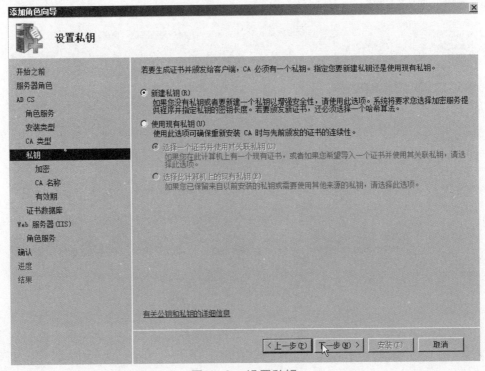

图 4-9　设置私钥

步骤 9：在"为 CA 配置加密"界面，在"选择加密服务提供程序（CSP）（C）"及"选择此 CA 颁发的签名证书的哈希算法（H）"选项框中，一般采用默认的方式创建私钥，然后单击"下一步"按钮，如图 4-10 所示。

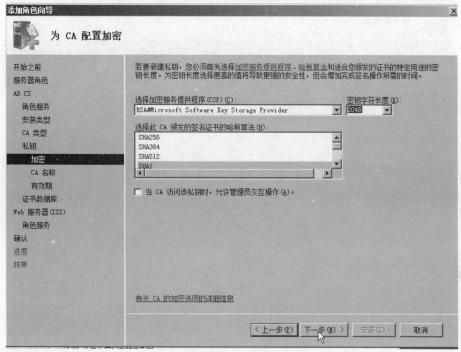

图 4-10　为 CA 配置加密法

步骤 10：在"配置 CA 名称"界面，设置 CA 的公用名称为"LXH-CA"。注意公用名称尽量做到见名知义，然后单击"下一步"按钮，如图 4-11 所示。

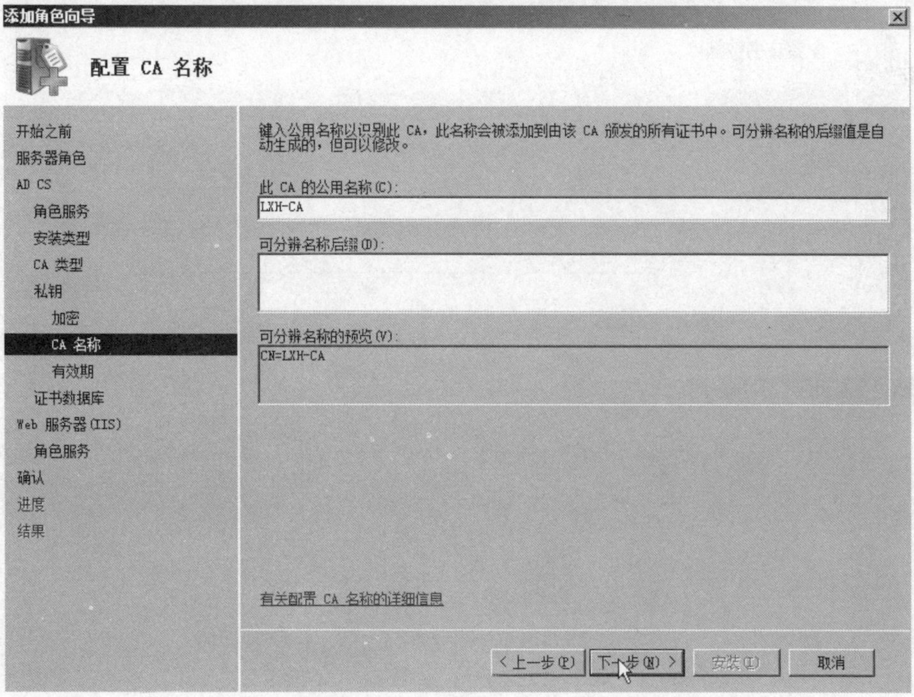

图 4-11　配置 CA 名称

步骤11：在"设置有效期"界面，设置证书的有效期，默认为5年，然后单击"下一步"按钮，如图4-12所示。

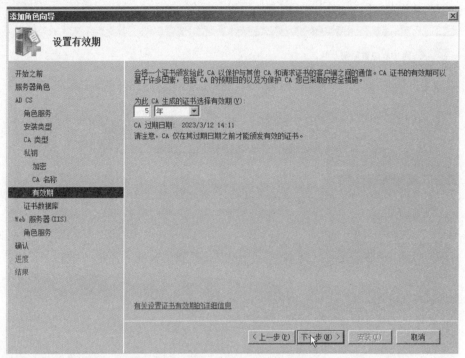

图4-12　设置证书有效期

步骤12：在"配置证书数据库"界面，设置证书数据库及证书数据库日志的存放位置，可以选择默认设置，然后单击"下一步"按钮，如图4-13所示。

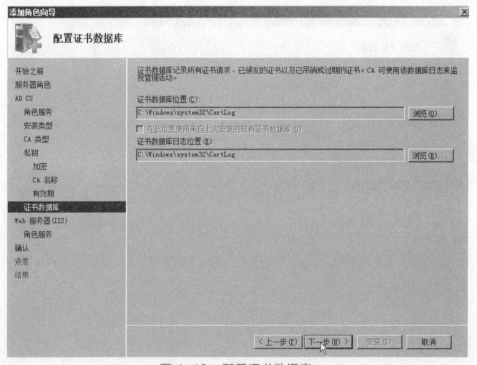

图4-13　配置证书数据库

步骤 13：在"Web 服务器（IIS）"界面，选择默认设置，单击"下一步"按钮。

步骤 14：在"选择角色服务"界面，选择默认设置，单击"下一步"按钮，如图 4-14 所示。

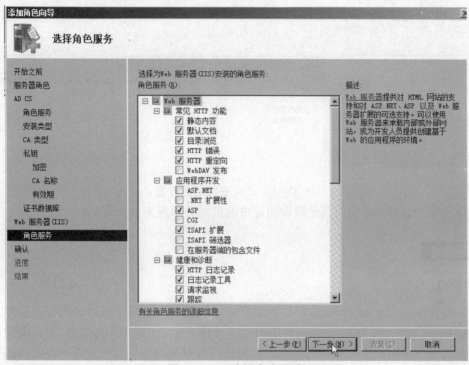

图 4-14　选择角色服务

步骤 15：在"确认安装选择"界面，若确认界面中的选项无误后单击"安装"按钮，如图 4-15 所示。

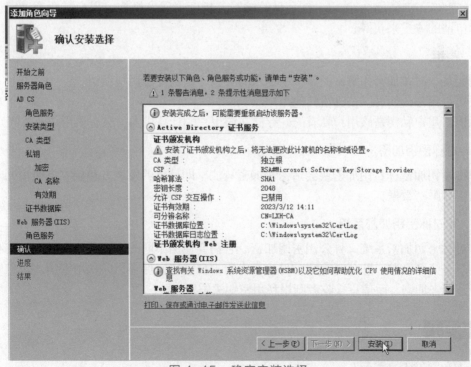

图 4-15　确定安装选择

步骤16：在出现的"安装结果"界面单击"关闭"按钮，安装就已完成。这时，在"服务器管理器"界面中的"角色"菜单下会出现名为"LXH-CA"的CA，如图4-16所示。

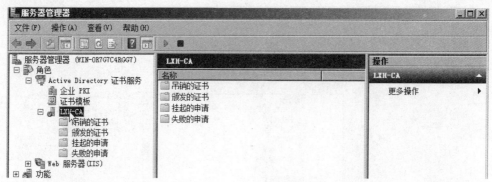

图4-16　CA安装后的界面

在服务器中装好CA后，其他要申请证书的机器必须首先信任该CA。

【知识链接】

1. PKI

PKI是Public Key Infrastructure首字母的缩写，是一种遵循标准的公钥加密技术。它利用Public Key Cryptography（公开密码编码学）让用户拥有一对密钥方式，来实现对发送的数据进行加密，同时让接收者接到数据后能验证该数据是由发件人所发送，也可确认数据在传输的过程是否被篡改。

2. CA

CA是Certification Authority首字母的缩写，指证书颁发机构，用户需要通过向证书颁发机构申请的方式来获得。

3. 密钥

密钥是一对在加密和解密的算法中输入的参数，密钥分公钥与私钥。

公钥：用户公钥可以公开给其他用户。

私钥：用户私钥是该用户私有的，存储在该用户的计算机内，只有该用户能访问。

4. 对称密钥加密

对称密钥加密称私钥加密或会话密钥加密算法，即信息的发送方和接收方使用同一个密钥去加密和解密数据。

5. 非对称密钥加密系统

非对称密钥加密系统又称公钥密钥加密。它需要使用不同的密钥来分别完成加密和解密操作，一个公开发布，即公开密钥，另一个由用户自己秘密保存，即私用密钥。信息发送者用公开密钥去加密，而信息接收者则用私用密钥去解密。

【拓展练习】

1）CA的分类有哪些？

2）简述如何在 Windows Server 2008 中安装 CA。

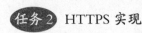 HTTPS 实现

【任务描述】

根据公司网络拓扑结构图 4-1，要在客户端 PC3 的浏览器中利用 https 连接网站的话，必须让 Web 服务器 PC2 与客户端 PC3 信任 CA 服务器 PC1 中的 CA，然后再在 Web 服务器 PC2 机上申请、下载、安装证书就可实现。

【任务分析】

为了实现 PC3 通过 https 的方式安全访问 PC2 的网站。首先配置 Web 服务器 PC2，使得 PC2 信任 CA 服务器 PC1 中的 CA；然后配置客户端 PC3，使得 PC3 信任 CA 服务器 PC1 中的 CA；最后配置 Web 服务器 PC2，实现申请 CA 证书文件的创建、申请与下载证书、安装证书。

具体步骤如下：

1）配置 Web 服务器 PC2，使得 Web 服务器 PC2 信任 PC1 机中的 CA。

2）配置客户端 PC3，使得浏览器客户端 PC3 信任 PC1 中的 CA。

3）在 Web 服务器 PC2 上创建申请证书的文件。

4）在 Web 服务器 PC2 上申请并下载证书。

5）在 Web 服务器 PC2 上安装证书并配置 Web 服务器。

6）在 PC3 的浏览器中测试使用 https 访问网站。

【任务实现】

一、配置 Web 服务器 PC2，让 Web 服务器 PC2 信任 PC1 机中的 CA。

步骤1：单击"开始"→"管理工具"→"服务器管理器"，打开"服务器管理器"界面，点击右下角的"配置 IE ESC"链接，如图 4-17 所示。

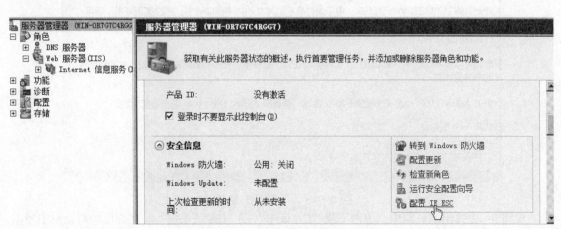

图 4-17　服务器管理器界面

步骤 2：在"Internet Explorer 增强的安全配置"界面中，选择管理员为"禁用"，如图 4-18 所示。

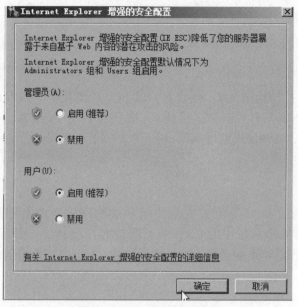

图 4-18　设置 IE ESC

注意：以上两步只有 CA 客户端是 Windows Server 2008 R2 或 Windows Server 2008 才需要设置，否则系统会阻止连接 CA 网站。

步骤 3：在 IE 浏览器中输入 http://CA 的 IP 地址 /certsrv，即 http://192.168.1.1/certsrv。

步骤 4：在打开的浏览器界面中，单击"下载 CA 证书、证书链或 CRL"，如图 4-19 所示。

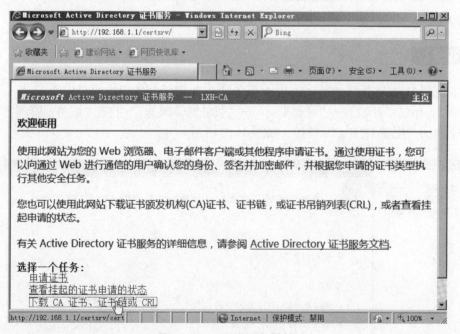

图 4-19　下载证书链接

步骤 5：在弹出的页面中，单击下载"CA 证书"或"CA 证书链"，在弹出的对话框中单击"保存"按钮，如图 4-20 所示，输入文件存放的位置及文件名，默认文件名为"certnew.p7b"。

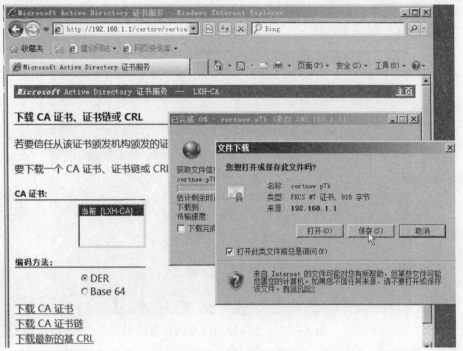

图 4-20　保存证书

步骤 6：单击"开始"→"运行"→输入"mmc"，打开控件台，选择"文件"菜单→"添加或删除管理单元"→"证书"，然后点击"添加"，在弹出的对话框中选中"计算机账户"，再单击"下一步"按钮，如图 4-21 所示。

图 4-21　添加证书管理

步骤 7：在"选择计算机"界面中，单击"完成"按钮，如图 4-22 所示。然后再单击"确定"按钮返回控制台主界面。

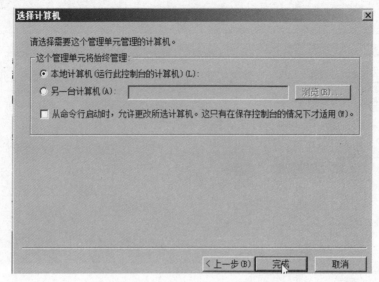

图 4-22　选择管理证书的计算机

步骤 8：在控制台主界面中，展开"证书"选项，选择"受信任的根证书颁发机构"→"证书"，然后单击右键，单击"所有任务"→"导入"菜单，如图 4-23 所示，进入证书导入向导步骤。

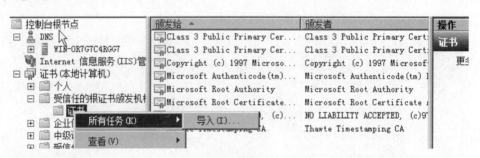

图 4-23　导入证书

步骤 9：在"证书导入向导"界面，单击"下一步"按钮，选择要导入的文件（certnew.p7b），如图 4-24 所示。

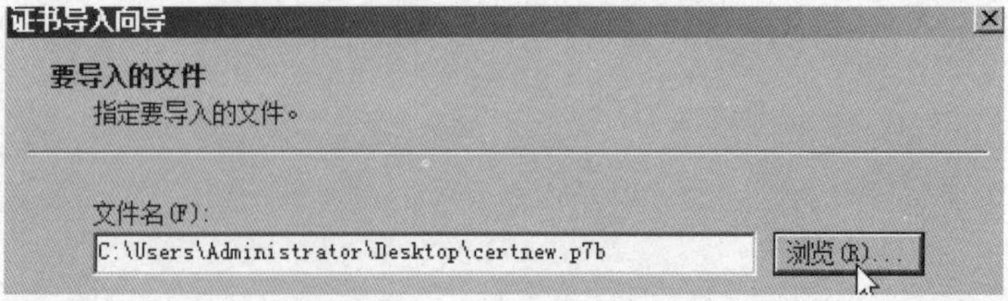

图 4-24　选择证书文件

步骤 10：在弹出界面中，一直单击"下一步"按钮，然后单击"完成"按钮，最后弹出"导入成功"的对话框，单击"确定"按钮。这时已将"LXH-CA"添加至该计算机受信任证书列表中，如图 4-25 所示，也即表示该计算机信任名"LXH-CA"的 CA。

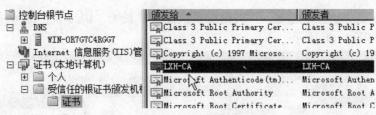

图 4-25　PC2 机信任 CA

二、配置客户端 PC3，让客户端 PC3 信任 PC1 中的 CA。

此步骤的操作过程与 Web 服务器 PC2 信任 PC1 机中的 CA 步骤中的第 3 ～ 10 相同。配置完浏览器客户端 PC3 信任 PC1 中的 CA 后，在浏览器客户端 PC3 的控制台中，证书下的界面如图 4-26 所示。

图 4-26　PC3 机信任 CA

三、在 Web 服务器 PC2 上创建申请证书的文件。

步骤 1：单击"开始"菜单→"管理工具"→"Internet 信息服务（IIS）管理器"，打开"Internet 信息服务（IIS）管理器"界面。

步骤 2：选择 Web 服务器，在"WIN-OR7G7C4RGGT 主页"中双击"服务器证书"，如图 4-27 所示。

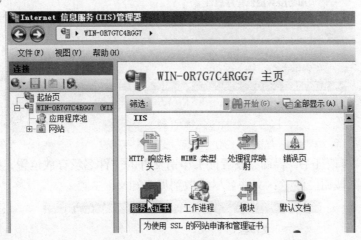

图 4-27　选择服务器证书

步骤 3：在服务器证书的右侧界面，单击"创建证书申请"链接，如图 4-28 所示。

步骤 4：在"申请证书"界面，设置网站的相关信息，"通用名称"栏设置连接 Web 网站的网址名，如 www.yinhe.com，然后单击"下一步"按钮，如图 4-29 所示。

步骤 5：在"加密服务提供程序属性"界面，选择加密服务提供程序及设置位长。位长越长；安全性越高，但性能越低。一般情况默认设置位长为"1024 位"即可。然后单击"下一步"按钮，如图 4-30 所示。

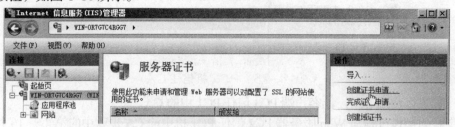

图 4-28 申请证书

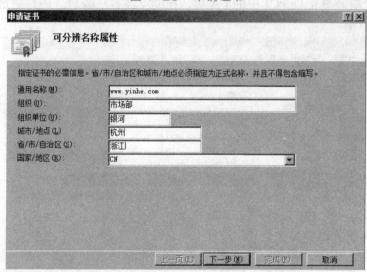

图 4-29 证书属性

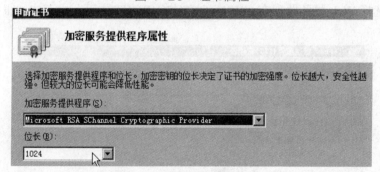

图 4-30 加密服务程序属性

步骤 6：在"申请证书"界面，设置证书申请文件的文件名及存放位置，如图 4-31 所示，然后单击"完成"按钮。注意：文件名尽量做到见名知义。

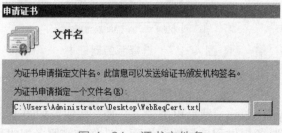

图 4-31 证书文件名

四、在 Web 服务器 PC2 上申请并下载证书。

步骤1：在 Web 服务器 PC2 的 IE 浏览器地址栏中输入 http://192.168.1.1/certsrv，如图 4-32 所示。

步骤2：单击"申请证书"链接。

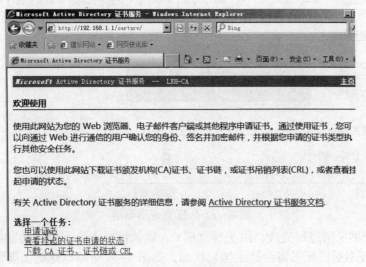

图 4-32　申请证书链接

步骤3：在图 4-33 中，单击"高级证书申请"链接。

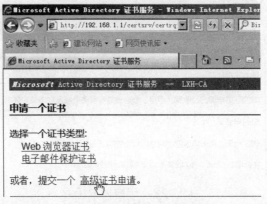

图 4-33　高级证书申请

步骤4：在图 4-34 中，单击"使用 base64 编码的 CMC 或 PKCS#10 文件提交一个证书申请，或使用 base64 编码的 PKCS#7 文件续订证书申请"链接。

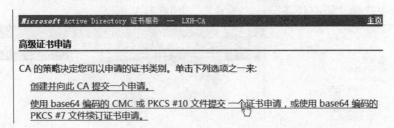

图 4-34　申请证书类别

步骤5：用记事本打开"C:\Users\Administrator\Desktop\WebReqCert.txt"证书申请文件，将该文档中的所有内容复制粘贴到图 4-35 中的"Base-64 编码的证书申请"栏目中，然后单击"提交"铵钮。

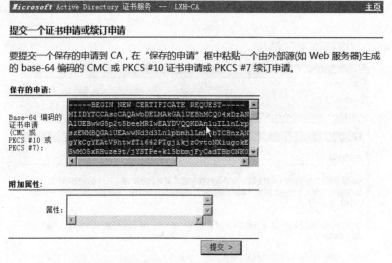

图 4-35　提交证书申请

步骤 6：证书申请过程完成。由于独立根 CA 默认情况下是不会自动发放证书的，所以客户端申请完证书后，证书将会处于挂起状态，如图 4-36 所示。这时需要管理员在独立根 CA 上颁发证书。

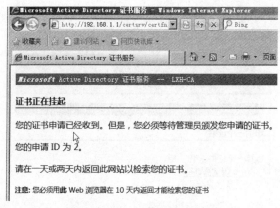

图 4-36　申请证书挂起

步骤 7：管理员返回到安装了独立根 CA 的计算机 PC1。单击"开始"→"管理工具"→"服务器管理器"，打开服务器管理器。单击"角色"→"Active Directory 证书服务"→"LXH-CA"→"挂起的证书"。选择"挂起的申请"界面中的"2"，然后单击右键，在弹出的菜单中选择"所有任务"→"颁发"，如图 4-37 所示。

图 4-37　颁发证书

步骤 8：在 Web 服务器 PC2 的 IE 浏览器地址栏中输入 http://192.168.1.1/certsrv。

步骤 9：在图 4-38 中，单击"查看挂起的证书申请的状态"链接。

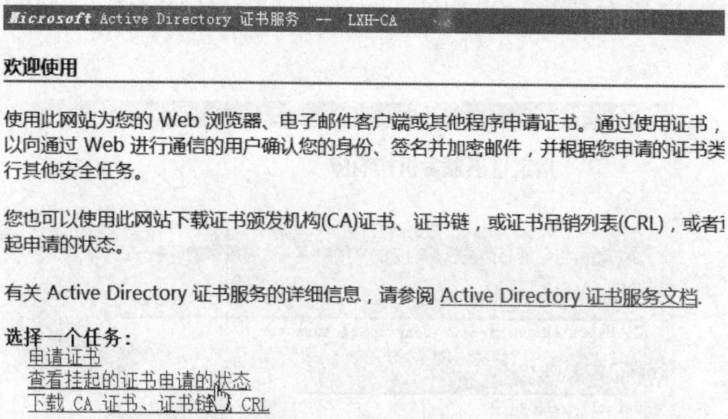

Microsoft Active Directory 证书服务 -- LXH-CA
欢迎使用
使用此网站为您的 Web 浏览器、电子邮件客户端或其他程序申请证书。通过使用证书，
以向通过 Web 进行通信的用户确认您的身份、签名并加密邮件，并根据您申请的证书类
行其他安全任务。
您也可以使用此网站下载证书颁发机构(CA)证书、证书链，或证书吊销列表(CRL)，或者
起申请的状态。
有关 Active Directory 证书服务的详细信息，请参阅 Active Directory 证书服务文档.
选择一个任务:
申请证书
查看挂起的证书申请的状态
下载 CA 证书、证书链或 CRL

图 4-38 查看挂起的证书申请的状态

步骤 10：在“查看挂起的证书申请的状态”页面，单击“保存的申请证书（2018 年 3 月 14 日 13:35:28）”链接，如图 4–39 所示。

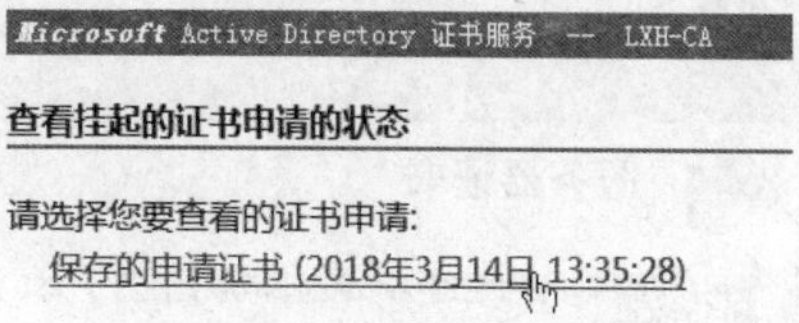

Microsoft Active Directory 证书服务 -- LXH-CA
查看挂起的证书申请的状态
请选择您要查看的证书申请:
保存的申请证书 (2018年3月14日 13:35:28)

图 4-39 下载申请证书

步骤 11：在证书已颁发页面，单击“下载证书”链接，下载并保存证书，如图 4–40 所示。将该证书保存于桌面 C:\Users\Administrator\Desktop\，证书文件名默认 certnew.cer。

证书已颁发
您申请的证书已颁发给您。
DER 编码 或
下载证书
下载证书链
已完成 0% - certnew.cer (来自 192.168.1.1)
文件下载 - 安全警告
您想打开或保存此文件吗?
名称: certnew.cer
类型: 安全证书, 1.01KB
来源: 192.168.1.1
打开(O)
保存(S)
取消

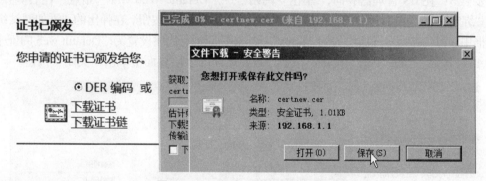

图 4-40 保存下载的申请证书

五、在 Web 服务器 PC2 上安装证书并配置 Web 服务器。

步骤 1：单击“开始”→“管理工具”→“Internet 信息服务（IIS）管理器”，打开 IIS 管理器。

步骤 2：选择 Web 服务器，在主页中双击“服务器证书”，单击“完成证书申请…”，如图 4–41 所示。

连接
起始页
WIN-OR7G7C4RGG7 (WIN-O
应用程序池
网站
服务器证书
使用此功能来申请和管理 Web 服务器可以对配置了 SSL 的网站使用的证书。
名称
颁发给
操作
导入...
创建证书申请...
完成证书申请...
创建域证书...
创建自签名证书...

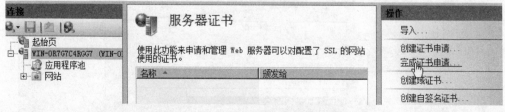

图 4-41 进入完成证书申请向导

步骤 3：在完成证书申请向导中，选择刚才下载的 certnew.cer，“好记名称”主要为该

证书标记一个便于识记的名称，如设置为"Default web 的证书"，如图 4-42 所示，然后单击"确定"按钮。

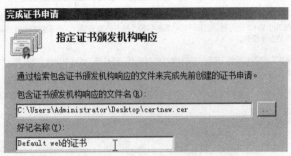

图 4-42　指定证书颁发机构响应

步骤 4：证书安装完的界面如图 4-43 所示。

图 4-43　安装完证书

步骤 5：在 IIS 管理器界面，单击"网站"→"Default Web Site"站点，在右侧界面中选择"绑定…"。在弹出的"网站绑定"界面，单击"添加"按钮。在弹出的"添加网站绑定"对话框中，将"类型"选项设置为"https"，"SSL 证书"选项设置为"Default web 的证书"，如图 4-44 所示。然后单击"确定"按钮，再在返回的上层界面中单击"关闭"按钮。

图 4-44　在 Web 网站绑定证书

步骤 6：配置完 Web 服务器的界面如图 4-45 所示。

图 4-45 完成 SSL 网站配置

六、在浏览器客户端 PC3 的 IE 浏览器地址栏中输入 https://www.yinhe.com 访问 SSL 网站，如图 4-46 所示。此时访问协议为 https，在地址栏中将会出现一个安全加锁图标 🔒。

图 4-46 访问 SSL 网站结果

【知识链接】

1. HTTP

HTTP 协议（Hyper Text Transfer Protocol，超文本传输协议）是用于从 Web 服务器传输超文本到本地浏览器的传送协议。它可以使浏览器更加高效，使网络传输减少，但 HTTP 传输的数据都是未加密的，也就是明文的，因此使用 HTTP 传输隐私信息非常不安全。

2. HTTPS

HTTPS 是以安全为目标的 HTTP 通道，简单来讲就是 HTTP 的安全版，即 HTTP 下加入 SSL 层，HTTPS 的安全基础是 SSL。HTTPS 是由 SSL+HTTP 构建的可进行加密传输、身份认证的网络协议，要比 HTTP 安全。

3. SSL 协议

SSL（Secure Sockets Layer，安全套接层），SSL 协议位于 TCP/IP 协议与各种应用层协议之间，为数据通信提供安全支持。SSL 协议可分为 SSL 记录协议和 SSL 握手协议两层，其中 SSL 记录协议（SSL Record Protocol）建立在可靠的传输协议（如 TCP）之上，为高层协议提供数据封装、压缩、加密等基本功能的支持。SSL 握手协议（SSL Handshake

Protocol）建立在 SSL 记录协议之上，用于在实际的数据传输开始前，通信双方进行身份认证、协商加密算法、交换加密密钥。

【拓展练习】

1）简单实现 SSL 网站的过程。

2）阐述 HTTP 与 HTTPS 的区别。

 任务 3　http 数据包与 https 数据包

【任务描述】

根据公司网络拓扑结构图 4-1，公司系统管理员王强通过配置 CA 服务器及相关设置，使得公司员工可以安全访问公司网站 www.yinhe.com。网站的数据是如何进行加密安全传输的呢？王强分别以 HTTP 与 HTTPS 协议访问公司网站为例，通过 Wireshark 软件抓取 http 与 https 数据包的方式阐述两个协议工作过程传输的内容。

【任务分析】

为了跟踪、比较、分析 http 数据包与 https 数据包，说明使用 https 能实现加密传输数据，首先在客户端 PC3 安装 Wireshark 软件；然后使用 HTTP 协议访问 www.yinhe.com 获取数据包并分析 http 数据包；然后使用 HTTPS 协议访问 www.yinhe.com 获取数据包并分析 https 数据包。

具体步骤如下：

1）在客户端 PC3 上安装 Wireshark 软件。

2）在客户端的 IE 中使用 http://www.yinhe.com 访问网站。

3）使用 Wireshark 软件抓取 http 数据包并分析。

4）在客户端的 IE 中使用 https://www.yinhe.com 访问网站。

5）使用 Wireshark 软件抓取 https 数据包并分析。

【任务实现】

一、http 数据包抓取与分析

在客户端 PC3（192.168.1.3）上安装 Wireshark 软件。打开 Wireshark 软件，在主界面双击"本地连接"，如图 4-47 所示。在主界面过滤栏输入"tcp or http"，将 tcp 与 http 数据过滤出来，如图 4-48 所示。在 IE 浏览器中输入 http://www.yinhe.com。这时，用 Wireshark 抓取的数据包如图 4-49 所示，从中可清晰地看到客户端浏览器（IP 为 192.168.1.3）与服务器（IP 为 192.168.1.2）的交互过程：

步骤 1：浏览器（192.168.1.3）向服务器（192.168.1.2）发出连接请求，此为 TCP 三次握手第一步。从图中可以看出，为 SYN，seq:x（x=0），详细字段如图 4-50 所示。

步骤 2：服务器（192.168.1.2）回应了浏览器（192.168.1.3）的请求，并要求确认，此为三次握手的第二步。此时为（SYN，ACK），此时 seq：y（y=0），ACK：x+1（为 1），详细字段如图 4-51 所示。

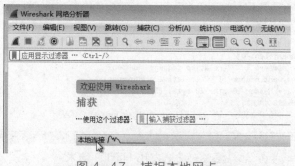

图 4-47　捕捉本地网卡

图 4-48　过滤 tcp 及 http 包

No.	Time	Source	Destination	Protocol	Length	Info
21	12.964048	192.168.1.3	192.168.1.2	TCP	66	49223 → 80 [SYN] Seq=0 Win=8192 Len=0 MSS=1460 WS=4 …
22	12.964755	192.168.1.2	192.168.1.3	TCP	66	80 → 49223 [SYN, ACK] Seq=0 Ack=1 Win=8192 Len=0 MSS…
23	12.964806	192.168.1.3	192.168.1.2	TCP	54	49223 → 80 [ACK] Seq=1 Ack=1 Win=65700 Len=0
24	12.965714	192.168.1.3	192.168.1.2	HTTP	469	GET / HTTP/1.1
25	12.980580	192.168.1.2	192.168.1.3	HTTP	311	HTTP/1.1 200 OK (text/html)
26	13.084387	192.168.1.3	192.168.1.2	TCP	66	49224 → 80 [SYN] Seq=0 Win=8192 Len=0 MSS=1460 WS=4 …
27	13.084592	192.168.1.3	192.168.1.2	TCP	66	80 → 49224 [SYN, ACK] Seq=0 Ack=1 Win=8192 Len=0 MSS…
28	13.084615	192.168.1.3	192.168.1.2	TCP	54	49224 → 80 [ACK] Seq=1 Ack=1 Win=65700 Len=0

图 4-49　抓 tcp 及 http 数据包结果

```
▷ Internet Protocol Version 4, Src: 192.168.1.3, Dst: 192.168.1.2
▲ Transmission Control Protocol, Src Port: 49223, Dst Port: 80, Seq: 0, Len: 0
    Source Port: 49223
    Destination Port: 80
    [Stream index: 0]
    [TCP Segment Len: 0]
    Sequence number: 0    (relative sequence number)
    Acknowledgment number: 0
    1000 .... = Header Length: 32 bytes (8)
  ▷ Flags: 0x002 (SYN)
```

图 4-50　详细字段 1

```
▲ Transmission Control Protocol, Src Port: 80, Dst Port: 49223, Seq: 0, Ack: 1, Len: 0
    Source Port: 80
    Destination Port: 49223
    [Stream index: 0]
    [TCP Segment Len: 0]
    Sequence number: 0    (relative sequence number)
    Acknowledgment number: 1    (relative ack number)
    1000 .... = Header Length: 32 bytes (8)
  ▷ Flags: 0x012 (SYN, ACK)
```

图 4-51　详细字段 2

步骤 3：浏览器（192.168.1.3）回应了服务器（192.168.1.2）的确认，连接成功，此为三次握手的第三步。此时为 ACK，此时 seq：x+1（为 1），ACK：y+1（为 1），详细字段如图 4-52 所示。

步骤 4：浏览器（192.168.1.2）发出一个页面 HTTP 请求，如图 4-53 所示。

步骤 5：服务器（192.168.1.2）确认，如图 4-54 所示。

最后，服务器向浏览器发送数据。

```
Transmission Control Protocol, Src Port: 49223, Dst Port: 80, Seq: 1, Ack: 1, Len: 0
    Source Port: 49223
    Destination Port: 80
    [Stream index: 0]
    [TCP Segment Len: 0]
    Sequence number: 1    (relative sequence number)
    Acknowledgment number: 1    (relative ack number)
    0101 .... = Header Length: 20 bytes (5)
  ▷ Flags: 0x010 (ACK)
```

图 4-52　详细字段 3

```
24 12.965714    192.168.1.3    192.168.1.2    HTTP    469 GET / HTTP/1.1
```

图 4-53　发出 HTTP 请求

```
25 12.980580    192.168.1.2    192.168.1.3    HTTP    311 HTTP/1.1 200 OK  (text/html)
```

图 4-54　服务器确认

单击右键 http 请求数据包，分析 http 请求报文，如图 4-55 所示。

```
▲ Hypertext Transfer Protocol
  ▷ GET / HTTP/1.1\r\n
    Accept: application/x-ms-application, image/jpeg, application/xaml+xml, image/gif, image/pjpeg,
    Accept-Language: zh-cn\r\n
    User-Agent: Mozilla/4.0 (compatible; MSIE 8.0; Windows NT 6.1; WOW64; Trident/4.0; SLCC2; .NET
    Accept-Encoding: gzip, deflate\r\n
    Host: www.yinhe.com\r\n
    Connection: Keep-Alive\r\n
    \r\n
    [Full request URI: http://www.yinhe.com/]
    [HTTP request 1/1]
    [Response in frame: 25]
```

图 4-55　http 请求报文

请求报文中只有起始行和首部，没有主体。其中，起始行的方法是 GET / HTTP1.1，表示版本号是 HTTP/1.1。首部详细字段如下：

> Accept：aapplication/x-ms-application,image/jpeg,
> pplication/xhtml+xmlimage/gif,…
> > 表示客户端所能接收的媒体类型
>
> Accept-Language：zh-cn
> > 表示客户端所能接收的语言
>
> User-Agent：……
> > 指明了发起请求的应用程序名称
>
> Accept-Encoding：gzip,deflate
> > 表示客户端所能接收的编码类型有 gzip 和 deflate
>
> Host：www.yinhe.com
> > 表示服务器主机名是 www.yinhe.com
>
> Connection:Keep-Active
> > 表示客户端与服务器之间的 TCP 通信连接是持久连接

单击右键 http 应答数据包，分析 http 响应报文，如图 4-56 所示。

响应报文由起始行、首部和主体 3 部分组成。其中，起始行中的版本号是 HTTP/1.1，状态码是 200，原因短语是 OK。首部详细字段如下：

Content-Type：text/html
> 表示主体的媒体类型是 text/html

Server：Microsoft-IIS/7.5
> 标识了服务器软件是 Microsoft-IIS/7.5

Date：Thu,15 Mar 2018 01:56:37 GMT
> 表示响应报文产生的时间

Content-Length:34
> 表示主体的大小为 34 个字节

主体是指 HTTP 报文所传送的真正内容。

> Line–based text data:text/html
> > Welcome to YinHe company'Web site!

表示服务器向浏览器传输的数据为 Welcome to YinHe company's Web site!

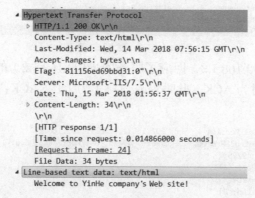

图 4-56 响应报文

二、https 数据包抓取与分析

打开 Wireshark 软件，在主界面双击"本地连接"。在主界面过滤栏输入"ssl"，将 ssl 数据过滤出来。在 IE 浏览器中输入 https://www.yinhe.com。这时，用 Wireshark 抓取的数据包如图 4-57 所示。从中可清晰地看到客户端浏览器（IP 为 192.168.1.3）与服务器（IP 为 192.168.1.2）的交互过程。

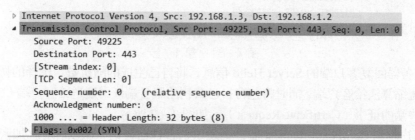

图 4-57 抓取 SSL 数据包

步骤 1：浏览器（192.168.1.3）向服务器（192.168.1.2）发出连接请求，此为 TCP 三次握手的第一步。从图中可以看出，为 SYN，seq:x（x=0），详细字段如图 4-58 所示。

> ▷ Internet Protocol Version 4, Src: 192.168.1.3, Dst: 192.168.1.2
> ▲ Transmission Control Protocol, Src Port: 49225, Dst Port: 443, Seq: 0, Len: 0
> > Source Port: 49225
> > Destination Port: 443
> > [Stream index: 0]
> > [TCP Segment Len: 0]
> > Sequence number: 0   (relative sequence number)
> > Acknowledgment number: 0
> > 1000 .... = Header Length: 32 bytes (8)
> ▷ Flags: 0x002 (SYN)

图 4-58 详细字段 4

步骤 2：服务器（192.168.1.2）回应了浏览器（192.168.1.3）的请求，并要求确认，此为三次握手的第二步。此时为（SYN，ACK），此时 seq：y（y=0），ACK：x+1（为 1），详细字段如图 4-59 所示。

```
▷ Internet Protocol Version 4, Src: 192.168.1.2, Dst: 192.168.1.3
▲ Transmission Control Protocol, Src Port: 443, Dst Port: 49225, Seq: 0, Ack: 1, Len: 0
    Source Port: 443
    Destination Port: 49225
    [Stream index: 0]
    [TCP Segment Len: 0]
    Sequence number: 0     (relative sequence number)
    Acknowledgment number: 1     (relative ack number)
    1000 .... = Header Length: 32 bytes (8)
  ▷ Flags: 0x012 (SYN, ACK)
```

图 4-59   详细字段 5

步骤 3：浏览器（192.168.1.3）回应了服务器（192.168.1.2）的确认，连接成功，此为三次握手的第三步。此时为 ACK，此时 seq：x+1（为 1），ACK：y+1（为 1），详细字段如图 4-60 所示。

```
▷ Internet Protocol Version 4, Src: 192.168.1.3, Dst: 192.168.1.2
▲ Transmission Control Protocol, Src Port: 49225, Dst Port: 443, Seq: 1, Ack: 1, Len: 0
    Source Port: 49225
    Destination Port: 443
    [Stream index: 0]
    [TCP Segment Len: 0]
    Sequence number: 1     (relative sequence number)
    Acknowledgment number: 1     (relative ack number)
    0101 .... = Header Length: 20 bytes (5)
  ▷ Flags: 0x010 (ACK)
```

图 4-60   详细字段 6

步骤 4：浏览器（192.168.1.2）发出一个页面 HTTPS 请求。

1）客户端创建随机数，给服务器发送 Client Hello 消息，同时将客户端产生的随机数、自己支持的协议版本、加密算法和压缩算法发送给服务器，如图 4-61 所示。

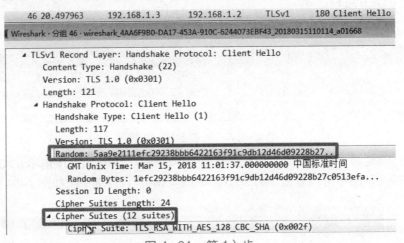

图 4-61   第 1）步

2）服务器回复客户端的 Server Hello 信息，将自己生成的随机数、选择的协议版本、加密算法和压缩算法给客户端，同时将包含自己公钥的服务端证书发送给客户端（Certificate），并请求客户端的证书（Certificate Request），如图 4-62 所示。

3）客户收到 Certificate Request 后，则发送包含自己公钥（供以后对称加密）的证书。同时客户端告知服务器接下来就要使用加密方式来进行通信了。客户端用服务器发来的公钥对此前所有握手消息进行散列运算，并使用加密算法进行加密，然后发送给服务器，如图 4-63 所示。

4）服务器端确认客户端的加密请求，如图 4-64 所示。

Wireshark · 分组 47 · wireshark_4AA6F9B0-DA17-453A-910C-6244073EBF43_20180315110114_a01668

```
▲ Secure Sockets Layer
    ▲ TLSv1 Record Layer: Handshake Protocol: Multiple Handshake Messages
        Content Type: Handshake (22)
        Version: TLS 1.0 (0x0301)
        Length: 1125
      ▲ Handshake Protocol: Server Hello
          Handshake Type: Server Hello (2)
          Length: 70
          Version: TLS 1.0 (0x0301)
        ▲ Random: 5aa9e210a0d77cd4f932f42adc4c0a58dab764d93ebb0536..
            GMT Unix Time: Mar 15, 2018 11:01:36.000000000 中国标准时间
            Random Bytes: a0d77cd4f932f42adc4c0a58dab764d93ebb0536b5b1b14a...
          Session ID Length: 32
          Session ID: e00c0000acf8751c45c6a0490f91d2f56b98f37f7d41700c...
          Cipher Suite: TLS_RSA_WITH_AES_128_CBC_SHA (0x002f)
          Compression Method: null (0)
      ▲ Handshake Protocol: Certificate
          Handshake Type: Certificate (11)
          Length: 1043
          Certificates Length: 1040
        ▲ Certificates (1040 bytes)
            Certificate Length: 1037
          ▲ Certificate: 30820409308202f1a003020102020a613b3bb90000000000..  (id-at
            ▷ signedCertificate
            ▷ algorithmIdentifier (sha1WithRSAEncryption)
              Padding: 0
              encrypted: 3774eae4c20a7e5edac9544ab18bbfed07283d3ad2aad902...
      ▲ Handshake Protocol: Server Hello Done
          Handshake Type: Server Hello Done (14)
          Length: 0
```

图 4-62　第 2）步

| 48 20.500099 | 192.168.1.3 | 192.168.1.2 | TLSv1 | 252 Client Key Exchange, Change Cipher Spec, Encrypted Handshal |

Wireshark · 分组 48 · wireshark_4AA6F9B0-DA17-453A-910C-6244073EBF43_20180315110114_a01668

```
    [Checksum Status: Unverified]
    Urgent pointer: 0
  ▷ [SEQ/ACK analysis]
    TCP payload (198 bytes)
▲ Secure Sockets Layer
    ▲ TLSv1 Record Layer: Handshake Protocol: Client Key Exchange
        Content Type: Handshake (22)
        Version: TLS 1.0 (0x0301)
        Length: 134
      ▲ Handshake Protocol: Client Key Exchange
          Handshake Type: Client Key Exchange (16)
          Length: 130
        ▷ RSA Encrypted PreMaster Secret
    ▲ TLSv1 Record Layer: Change Cipher Spec Protocol: Change Cipher Spec
        Content Type: Change Cipher Spec (20)
        Version: TLS 1.0 (0x0301)
        Length: 1
        Change Cipher Spec Message
    ▲ TLSv1 Record Layer: Handshake Protocol: Encrypted Handshake Message
        Content Type: Handshake (22)
        Version: TLS 1.0 (0x0301)
```

图 4-63　第 3）步

| 49 20.501561 | 192.168.1.2 | 192.168.1.3 | TLSv1 | 113 Change Cipher Spec, Encrypted Handshake Message |

Wireshark · 分组 49 · wireshark_4AA6F9B0-DA17-453A-910C-6244073EBF43_20180315110114_a01668

```
▲ Secure Sockets Layer
    ▲ TLSv1 Record Layer: Change Cipher Spec Protocol: Change Cipher Spec
        Content Type: Change Cipher Spec (20)
        Version: TLS 1.0 (0x0301)
        Length: 1
        Change Cipher Spec Message
    ▲ TLSv1 Record Layer: Handshake Protocol: Encrypted Handshake Message
        Content Type: Handshake (22)
        Version: TLS 1.0 (0x0301)
        Length: 48
```

图 4-64　第 4）步

5）接下来双方传输数据均为加密的数据。这时，网站内容"Welcome to YinHe company's Web site!"进行加密，客户端浏览器用信任 CA（LXH–CA）发放的公钥对网站数据进行解密，如图 4–65 所示。

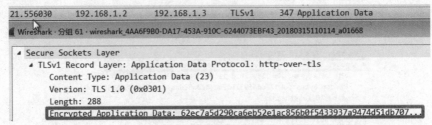

图 4–65　第 5）步

由 https 数据包分析可知，网站内容"Welcome to YinHe company's Web site!"已经被加密传输。

【知识链接】

1. HTTP 工作过程

1）首先客户机与服务器需要建立连接。单击某个超级链接，HTTP 开始工作。

2）建立连接后，客户机发送一个请求给服务器，请求方式的格式为：统一资源标识符（URL）、协议版本号，后边是 MIME 信息包括请求修饰符、客户机信息和可能的内容。

3）服务器接到请求后，给予相应的响应信息，其格式为一个状态行，包括信息的协议版本号、一个成功或错误的代码，后边是 MIME 信息包括服务器信息、实体信息和可能的内容。

4）客户端接收服务器所返回的信息，并通过浏览器显示在用户的显示屏上，然后客户机与服务器断开连接。

2. HTTPS 工作过程

1）客户使用 https 的 URL 访问 Web 服务器，要求与 Web 服务器建立 SSL 连接。

2）Web 服务器收到客户端请求后，会将网站的证书信息（证书中包含公钥）传送一份给客户端。

3）客户端的浏览器与 Web 服务器开始协商 SSL 连接的安全等级，也就是信息加密的等级。

4）客户端的浏览器根据双方同意的安全等级，建立会话密钥，然后利用网站的公钥将会话密钥加密，并传送给网站。

5）Web 服务器利用自己的私钥解密出会话密钥。

6）Web 服务器利用会话密钥加密与客户端之间的通信。具体通信过程如图 4–66 所示。

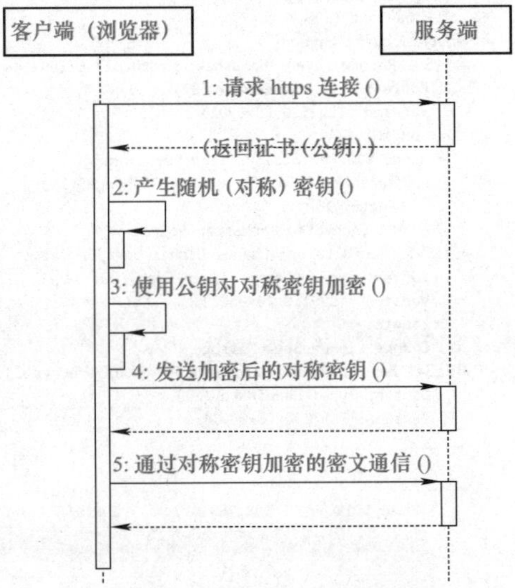

图 4–66　HTTPS 协议通信过程

【拓展练习】

1）阐述 HTTP 请求报文常见字段的含义。

2）阐述 HTTP 应答报文常见字段的含义。

3）分析 http 数据包与 https 数据包的区别。

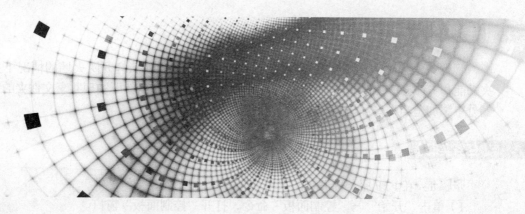

项目5 防火墙技术

防火墙指的是一个由软件和硬件设备组合而成，在内部网和外部网之间、专用网与公共网之间的界面上构造的保护屏障。防火墙是一种保护计算机网络安全的技术性措施，它通过在网络边界上建立相应的网络通信监控系统来隔离内部和外部网络，以阻挡来自外部的网络入侵。

防火墙技术，最初是针对 Internet 网络不安全因素所采取的一种保护措施。顾名思义，防火墙就是用来阻挡外部不安全因素影响的内部网络屏障，其目的就是防止外部网络用户未经授权的访问。它是一种计算机硬件和软件的结合，使 Intranet 与 Internet 之间建立起一个安全网关（Security Gateway），从而保护内部网免受非法用户的侵入，防火墙主要由服务访问政策、验证工具、包过滤和应用网关等组成，防火墙就是一个位于计算机和它所连接的网络之间的软件或硬件（其中硬件防火墙用得较少，因为它价格昂贵）。该计算机流入流出的所有网络通信均要经过此防火墙。

防火墙有网络防火墙和计算机防火墙的提法。网络防火墙是指在外部网络和内部网络之间设置网络防火墙。这种防火墙又称筛选路由器，网络防火墙检测进入信息的协议、目的地址、端口（网络层）及被传输的信息形式（应用层）等，滤除不符合规定的外来信息。

计算机防火墙是指在外部网络和用户计算机之间设置防火墙。计算机防火墙也可以是用户计算机的一部分。计算机防火墙检测接口规程、传输协议、目的地址和被传输的信息结构等，将不符合规定的进入信息剔除。本项目将具体介绍 Windows 防火墙、Linux 防火墙、防火墙策略和防火墙分类。

 任务 1　Windows 防火墙

【任务描述】

银河网络公司搭建了一台 FTP 服务器，为了提高 FTP 服务器网络访问的安全性，要求开启服务器防火墙，但是按照默认方式开启防火墙将会阻止很多服务，使之不能被访问。现根据实际情况要求如下：

1）开启防火墙后允许其他计算机访问服务器的共享文件夹。

2）规定技术部网络管理员王强用的计算机有权以 FTP 方式访问 FTP 服务器。

【任务分析】

管理员王强希望通过配置 Windows 防火墙来实现，默认打开防火墙的情况下共享文件夹功能和 FTP 端口都是禁止访问的，利用防火墙的例外选项就可实现共享文件夹的访问，在例外中添加适当端口和访问 IP 网段就可实现一些特权访问。

【任务实现】

步骤 1：在 FTP 服务器开启防火墙。

1）单击"开始"→"控制面板"命令，打开"控制面板"窗口。

2）双击"Windows 防火墙"图标，打开"Windows 防火墙"窗口，如图 5-1 所示。

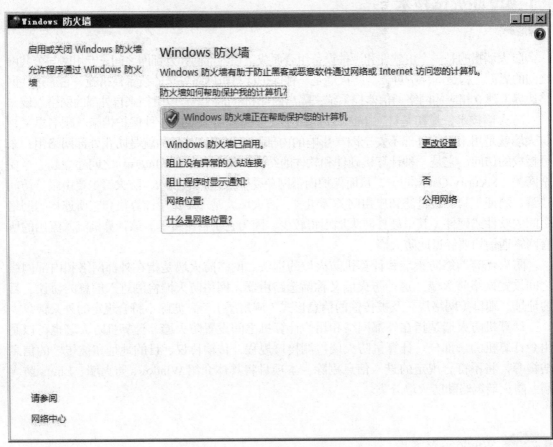

图 5-1 "Windows 防火墙"窗口

3）单击"更改设置"超链接，在"常规"选项卡中选中"启用"单选按钮，如图 5-2 所示。单击"确定"按钮，即开启防火墙，此时与本服务器相连的其他计算机要访问本 FTP 服务器，都先要在防火墙的允许下才能访问。

步骤 2：验证防火墙的作用。

在王强专用计算机上，用访问共享文件夹的方式测试与服务器的连接，以及使用 IE 浏览器访问 ftp：//192.168.1.200，结果显示如图 5-3、图 5-4 所示，表示不能访问共享文件夹也不能访问 FTP 服务器，表明防火墙已起作用。

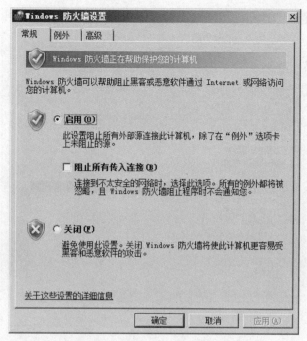

图 5-2　Windows 防火墙设置

图 5-3　"共享文件夹访问"对话框

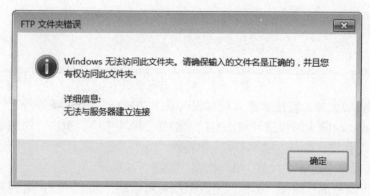

图 5-4　FTP 访问窗口

步骤 3：配置防火墙，允许其他电脑访问共享文件夹。

1）在"Windows 防火墙"对话框中单击"例外"选项卡，勾选"文件和打印机共享"选项，如图 5-5 所示。

2）单击"确定"按钮，并确认防火墙起作用后，在王强计算机上访问服务器的共享文件夹，如能成功访问文件夹，则表明防火墙已经设置成功，如图 5-6 所示。

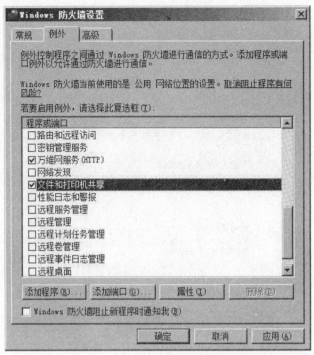

图 5-5 "Windows 防火墙设置"对话框

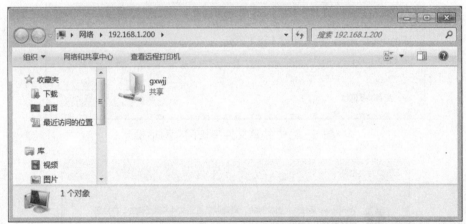

图 5-6 共享访问窗口

步骤 4：配置防火墙，使技术部人员有权以 FTP 方式访问 FTP 服务器。

1）在"Windows 防火墙设置"对话框的"例外"选项卡中，单击"添加端口"按钮，弹出"添加端口"对话框，在"名称"文本框中输入"ftp"，在"端口号"文本框中输入"21"，并在"协议"选项组中选中"TCP"单选按钮，如图 5-7 所示。

2）单击"更改范围"按钮，弹出"更改范围"对话框，选中"自定义列表"单选按钮，输入王强专用计算机的 IP 地址和子网掩码"192.168.1.100/255.255.255.255"。如图 5-8 所示。

3）单击"确定"按钮，回到"例外"选项卡；单击"添加程序"按钮，弹出"添加程序"对话框，单击"浏览"按钮，找到 C:\Windows\System32\inetsrv\inetinfo.exe 文件，将其添加到"程序"列表框中，如图 5-9 所示。

4）选中 inetinfo.exe 文件，单击"更改范围"按钮，弹出"更改范围"对话框，选中"仅我的网（子网）"选项。

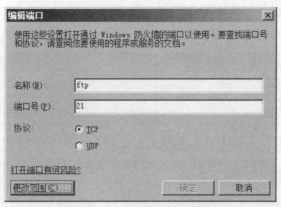

图 5-7 "添加端口"对话框

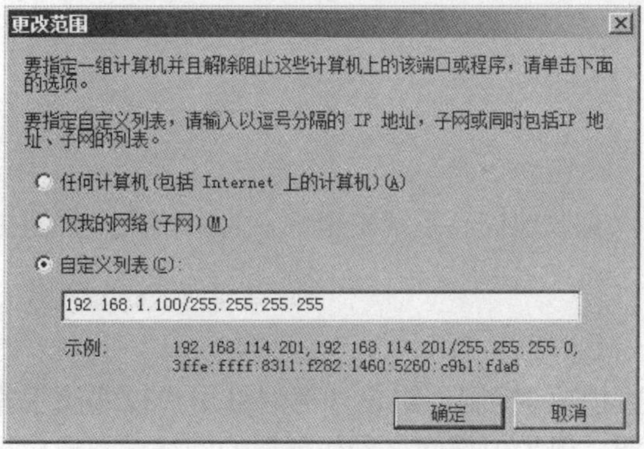

图 5-8 "更改范围"对话框   图 5-9 "添加程序"对话框

5）单击"确定"按钮，回到"例外"选项卡，如图 5-10 所示，表明已将 inetinfo.exe 文件添加到防火墙的例外程序列表中。

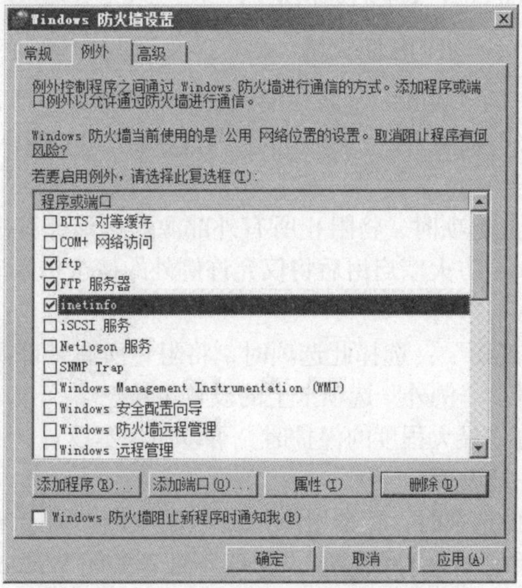

图 5-10 例外程序列表已更新

6）在王强专用计算机上使用 IE 浏览器测试 ftp：//192.168.1.200，出现如图 5-11 状态，表明技术部王强的计算机可以访问 FTP 服务器。

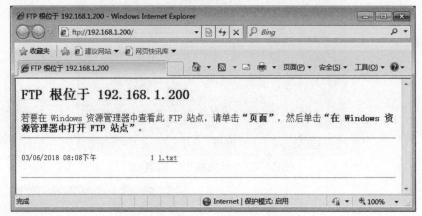

图 5-11　测试 FTP 服务器状态

Windows 防火墙

Windows Server 2008 系统自带的防火墙可以有效地提高系统安全性，为系统安全性能提供保障。

1. 防火墙的定义

防火墙（Firewall）是一种用来加强网络之间访问控制，防止外部网络用户以非法手段通过外部网络进入内部网络、访问内部网络资源，保护内部网络操作环境的网络设备或应用软件。

Windows Server 2008 提供的防火墙称为 Internet 连接防火墙，它允许安全的网络通信通过防火墙进入网络，同时拒绝不安全的通信进入，使网络免受外来威胁。

2. Windows Server 2008 防火墙

Windows Server 2008 的"Windows 防火墙设置"对话框共包括 3 个选项卡，分别为"常规"、"例外"和"高级"选项卡。

（1）"常规"选项卡

1）"启用"：选择此选项时，将阻止所有外部源连接该计算机，在"例外"选项卡上未阻止的源除外。Windows 防火墙启用后将仅允许例外的请求传入流量。例外设置可在"例外"选项卡上进行。

2）"阻止所有传入连接"：选择此选项时，将阻止所有外部源连接该计算机，并且不允许例外的请求传入流量。"例外"选项卡上的设置将被忽略。

当需要为该计算机提供最大程度的保护时，可以使用本设置。例如，当该计算机连接到不安全的公用网络时使用此设置。

3）"关闭"：选择此选项时，将禁用 Windows 防火墙。关闭 Windows 防火墙可能会使计算机更容易受到黑客和恶意软件的侵害。一般不推荐关闭 Windows 防火墙，除非计算机上运行了其他防火墙。

（2）"例外"选项卡

在"例外"选项卡上，可以启用或禁用某个现有的程序或服务，或者维护用于定义异常流量的程序或服务的列表。当选中"常规"选项卡上的"阻止所有传入连接"选项时，例外将被拒绝。

根据传输控制协议（TCP）或用户数据报协议（UDP）端口来定义例外。在程序或服务的 TCP 或 UDP 端口未知或需要在程序或服务启动时动态确定的情况下，这种配置灵活性使得配置异常流量更加容易。

在定义例外时可以指定一个范围。范围定义了允许发起例外的网段。在定义程序或端口的范围时，可以选择"任何计算机（包括 Internet 上的计算机）"、"仅我的网络（子网）"或"自定义列表"来指定 IP 地址。

（3）"高级"选项卡

"高级"选项卡包含了"网络连接设置"和"默认设置"。

1）"网络连接设置"：可以指定设置 Windows 防火墙保护的网络连接，可以设置服务器内固化的服务。

2）"默认设置"：单击"还原默认设置"，将 Windows 防火墙恢复至其初始安装状态。

【拓展练习】

1）开启防火墙后允许所有计算机通过远程桌面远程登录服务器。
2）配置防火墙，只允许王强通过其专用计算机远程登录服务器。

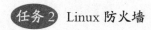任务 2 Linux 防火墙

【任务描述】

银河网络公司在 Linux 系统上搭建了一台 Web 服务器，为了提高 Web 服务器网络访问的安全性，要求开启 Linux 服务器防火墙。现根据实际情况要求如下：（1）为了安全，规定只有技术部的计算机（192.168.1.0/24 网段）可以有权以 Telnet 的方式访问服务器。（2）禁止其他计算机 ping 服务器。

【任务分析】

管理员王强通过配置 Linux 防火墙来实现上述功能，打开 iptables 防火墙，设置响应的表、链、规则就可实现上述要求。防火墙是表的容器，表是链的容器，而链又是规则的容器。默认情况下，iptables 有管理包过滤的 filter 表、管理网络地址转换的 nat 表，有 INPUT 和 OUTPUT 2 个防火墙控制链。

【任务实现】

步骤 1：在 Linux 服务器上开启防火墙，并查看防火墙状态。
1）启动防火墙：#service iptables start。

2）防火墙的状态检测：#service iptables status，如图 5-12 所示。

```
[root@localhost ~]# service iptables start
[root@localhost ~]# service iptables status
Table: nat
Chain PREROUTING (policy ACCEPT)
num  target     prot opt source               destination

Chain POSTROUTING (policy ACCEPT)
num  target     prot opt source               destination

Chain OUTPUT (policy ACCEPT)
num  target     prot opt source               destination

Table: filter
Chain INPUT (policy ACCEPT)
num  target     prot opt source               destination

Chain FORWARD (policy ACCEPT)
num  target     prot opt source               destination

Chain OUTPUT (policy ACCEPT)
num  target     prot opt source               destination
```

图 5-12 "Linux 防火墙" 窗口

步骤 2：针对 Telnet 的防火墙设置。

我们可以先使用 0.0.0.0/0 来阻止所有的 IP 地址使用 Telnet 协议（即封闭 TCP 的 23 端口），然后再添加指定的 IP 到白名单，最后查看 filter 表的 FORWARD 链规则列表。在终端中输入如下命令：

```
#iptables –I FORWARD –s 0.0.0.0/0 –p tcp ––dport 23 –j DROP
#iptables –I FORWARD –s 192.168.1.0/24 –p tcp ––dport 23 –j ACCEPT
#iptables –t filter –L FORWARD
```

命令执行结果如图 5-13 所示。

```
[root@localhost ~]# iptables -I FORWARD -s 0.0.0.0/0 -p tcp --dport 23 -j DROP
[root@localhost ~]# iptables -I FORWARD -s 192.168.1.0/24 -p tcp --dport 23 -j A
CCEPT
[root@localhost ~]# iptables -t filter -L FORWARD
Chain FORWARD (policy ACCEPT)
target     prot opt source               destination
ACCEPT     tcp  --  192.168.1.0/24       anywhere            tcp dpt:telnet
DROP       tcp  --  anywhere             anywhere            tcp dpt:telnet
```

图 5-13 命令执行结果

端口是 TCP/IP 里的一个重要概念，在网络中许多应用程序可能会在同一时刻进行通信，当多个应用程序在同一台计算机上进行网络通信时，就要有一种方法来区分各个应用程序。TCP/IP 使用"端口"来区分系统中的不同服务，因此一台计算机可以互不干扰地为客户提供多种不同的服务。在网络管理过程中，经常需要禁止客户机访问 Internet 上的某些服务，要实现这个功能，只要将服务使用的端口号封闭即可。

步骤 3：禁止其他计算机 ping 服务器。

1）禁止 Internet 上的计算机通过 ICMP ping 到本机的 eth0 接口，然后查看 filter 表的 INPUT 链规则列表，在终端中输入如下命令：

```
#iptables –I  INPUT –i eth0 –p icmp –j DROP
#iptables –t filter –L INPUT
```

命令执行结果如图 5–14 所示。

```
[root@localhost ~]# iptables -I INPUT -i eth0 -p icmp -j DROP
[root@localhost ~]# iptables -t filter -L INPUT
Chain INPUT (policy ACCEPT)
target     prot opt source               destination
DROP       icmp --  anywhere             anywhere
[root@localhost ~]# _
```

图 5–14　命令执行结果

2）在客户端测试上述命令执行前后 ping 的状态，命令执行前能 ping 通 Linux 服务器，命令执行后 ping 不通 Linux 服务器。如图 5–15 所示。

```
C:\Windows\system32\cmd.exe
C:\Users\wjg>ping 192.168.1.150

正在 Ping 192.168.1.150 具有 32 字节的数据:
来自 192.168.1.150 的回复: 字节=32 时间<1ms TTL=64
来自 192.168.1.150 的回复: 字节=32 时间<1ms TTL=64
来自 192.168.1.150 的回复: 字节=32 时间<1ms TTL=64
来自 192.168.1.150 的回复: 字节=32 时间<1ms TTL=64

192.168.1.150 的 Ping 统计信息:
    数据包: 已发送 = 4，已接收 = 4，丢失 = 0 (0% 丢失)，
往返行程的估计时间(以毫秒为单位):
    最短 = 0ms，最长 = 0ms，平均 = 0ms

C:\Users\wjg>ping 192.168.1.150

正在 Ping 192.168.1.150 具有 32 字节的数据:
请求超时。
请求超时。
请求超时。
请求超时。

192.168.1.150 的 Ping 统计信息:
    数据包: 已发送 = 4，已接收 = 0，丢失 = 4 (100% 丢失)，

C:\Users\wjg>_
```

图 5–15　客户机 ping 服务器结果测试

步骤 4：保存防火墙设置。

保存防火墙：#service iptables save。

➢　任务拓展

iptables 命令实例。

步骤 1：将 filter 表的 INPUT 链的默认策略定义为接收数据包。

#iptables –P INPUT ACCEPT

步骤 2：查看 nat 表中所有链的规则。

#iptables –t nat –L

步骤 3：为 filter 表的 INPUT 链添加一条规则，规则为允许访问 TCP 的 80 端口的数据包通过。

#iptables –A INPUT –p tcp ––dport 80 –j ACCEPT

步骤 4：在 filter 表的 INPUT 链规则列表中的第二条规则前插入一条规则，规则的内容是禁止 192.168.1.0 这个子网里的所有主机访问 TCP 的 53 端口。

#iptables –t filter –I INPUT 2 –s 192.168.1.0/24 –p tcp ––dport 53 –j DROP

注意：此处使用 dport 参数而不使用 sport 参数的原因，是因为数据包要访问的目的端口

为 TCP 的 80 端口。

本例中 INPUT 后的 2 表示在第 2 条规则前插入规则；192.168.1.0/24 表示子网掩码的二进制位数是 24 位，即 255.255.255.0。

步骤 5：删除 filter 表的 INPUT 链规则列表中的第三条规则。

#iptables –t filter –D INPUT 3

步骤 6：删除 filter 表中所有规则。

#iptables － F

步骤 7：防火墙规则的保存与恢复。

（1）将防火墙规则保存到 /etc/iptables–save 文件中。

#iptables–save>/etc/iptables–save

（2）将 /etc/iptables–save 文件中的防火墙规则恢复到当前系统。

#iptables–restore</etc/iptables–save

步骤 8：添加规则禁止用户访问域名为 www.xxx.com 的网站。

#iptables –I FORWARD –d www.xxx.com –j DROP

注意：–d 后面既可以是域名也可以是 IP 地址。

步骤 9：添加规则禁止 IP 地址为 192.168.1.5 的客户端上网。

#iptables –I FORWARD –s 192.168.1.5 –j DROP

如果要禁止某个子网的所有用户上网，只需将本例中的 IP 地址改为子网的形式即可。

步骤 10：启动和关闭防火墙。

启动防火墙：#service iptables start。

关闭防火墙：#service iptables stop。

在终端中输入 setup 命令，在弹出的窗口中选择"防火墙配置"，并进行相关的设置，也可以启动或关闭防火墙，如图 5-16 所示。

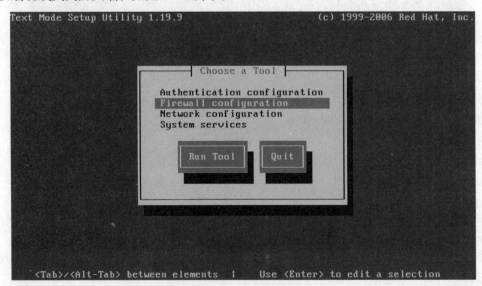

图 5-16　用 setup 命令启动或关闭防火墙

如果希望系统启动时自动加载防火墙，可在终端中输入 ntsysv 命令，利用文本图形对 iptables 自动加载进行配置，如图 5-17 所示。

步骤 11：防火墙的重新启动。

#service iptables restart

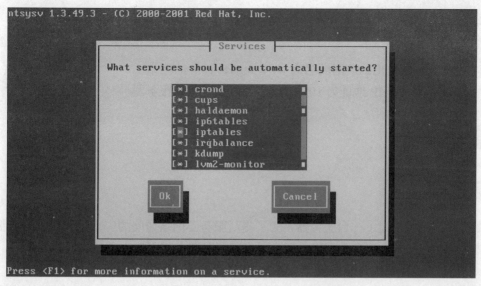

图 5-17　用 ntsysv 命令开机自动加载防火墙

【知识链接】

1. iptables 的组成结构

iptables 防火墙由多个"表"组成，每个表由若干个"链"组成，而每条链中由若干条"规则"组成。换句话说，防火墙是表的容器，表是链的容器，而链又是规则的容器。默认情况下，iptables 至少有 3 个表，包括管理包过滤的 filter 表、管理网络地址转换的 nat 表和进行包重构的 mangle 表（较少使用）。

2. 链和规则

链是数据包的传播途径，每一条链是许多规则中的一个检查清单，每一条链中可以有若干条规则。当一个数据包到达一个链时，iptables 就会从第一条规则开始检查数据包是否符合该规则所定义的条件。如果满足，iptables 将根据该条规则所定义的方法处理该数据包，否则，将继续检查下一条规则。如果该数据包不符合该链中任何一条规则，那么 iptables 就会根据该链预先定义的策略来处理该数据包。

规则是网络管理员预先设定的条件，规则都这样定义："如果数据包符合这样的条件，就这样处理这个数据包。"规则通常指定了源地址、目的地址、传输协议（TCP、UDP、ICMP）、服务类型（HTTP、FTP、SMTP）和对数据包的处理方法，处理方法一般有：放行（ACCEPT）、拒绝（REJECT）和丢弃（DROP）等，从而防火墙可以利用规则对来自某个源、到某个目的地或具有特定协议类型的数据包进行过滤。防火墙的配置工作也主要是增加、修改和删除这些规则，规则的建立可以使用 iptables 命令完成。

3. iptables 命令

iptables 命令的基本格式如下：

iptables【-t 表】<命令>【链】【匹配规则】【-j 动作／目标】

注意：<> 括起来的为必选项，【】括起来的为可选项，iptables 命令严格区分大小写。

【拓展练习】

1）添加规则禁止用户访问域名为 www.mghao.com 的网站。

2）添加规则禁止 IP 地址为 192.168.1.5 的客户端访问服务器。

任务 3   防火墙策略

【任务描述】

银河网络公司搭建了一台服务器，为了提高服务器网络访问的安全性，要求开启服务器高级防火墙，使用防火墙安全策略。现根据实际情况要求如下：

1）禁止其他计算机 ping 服务器。

2）为了安全，规定只有技术部网络管理员王强用的计算机可以有权以远程桌面的方式访问服务器。

【任务分析】

管理员王强通过配置 Windows 普通防火墙，发现不能实现上述功能，但微软还推出了高级安全 Windows 防火墙（WFAS），通过设置可以实现上述要求。高级安全 Windows 防火墙是分层安全模型的重要部分，通过为计算机提供基于主机的双向网络通信筛选，高级安全 Windows 防火墙阻止未授权的网络流量流向或流出本地计算机。高级安全 Windows 防火墙也成为网络隔离策略的重要部分。

【任务实现】

为了防止用户频繁地 ping 服务器而导致服务器性能下降，在 Internet 上频繁地 ping 服务器会导致网络堵塞，降低传输率，还能为黑客提供一系列信息，带来安全隐患，所以一般服务器都会拒绝用户 ping，黑客通过 ping 得不到回应，就打扰不到你了。ping 是个命令，用它可以知道你的操作系统、IP 等，为了安全禁止 ping 是个很好的方法，也可以预防 DDoS 攻击。黑客入侵时，大多使用 ping 命令来检测主机，如果 ping 不通，水平差的"黑客"大多就会知难而退。事实上，完全可以造成一种假象，即使我们在线，但对方 ping 时也不能相通，这样就能躲避很多攻击。

步骤 1：测试客户机和服务器的连通性。

在客户机中，单击"开始"→"所有程序"→"附件"→"命令提示符"命令，打开"命令提示符"窗口。输入 ping 命令和服务器 IP 地址，如 ping 192.168.1.200，结果如图 5-18 所示，表示能 ping 通。

步骤 2：打开 Windows 防火墙的"高级设置"并设置。

1）在服务器中，单击"开始"→"管理工具"→"高级安全 Windows 防火墙"命令，打开"高级安全 Windows 防火墙"窗口，如图 5-19 所示。

图 5-18　ping 通 Windows2008 服务器

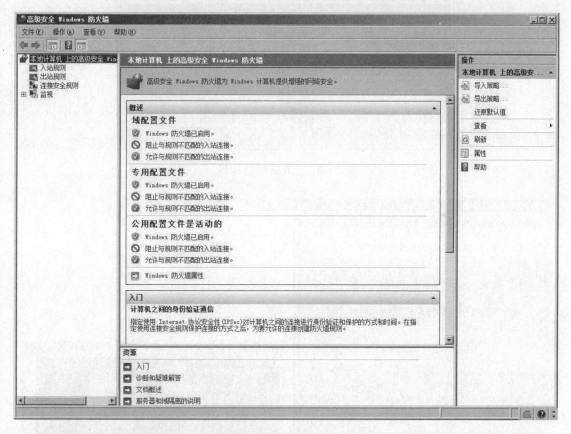

图 5-19　高级防火墙窗口

2）点击左侧"入站规则"，窗口中间显示所有的入站规则列表，如图 5-20 所示。

3）双击"文件和打印机共享（回显请求 –ICMPv4–In）"命令，打开"文件和打印机共享（回显请求 –ICMPv4–In）属性"设置窗口。勾选"常规"选项卡中的"已启用"，选中"操作"中的"阻止连接"，如图 5-21 所示。

步骤 3：重新测试客户机和服务器的连通性，如图 5-22 所示。

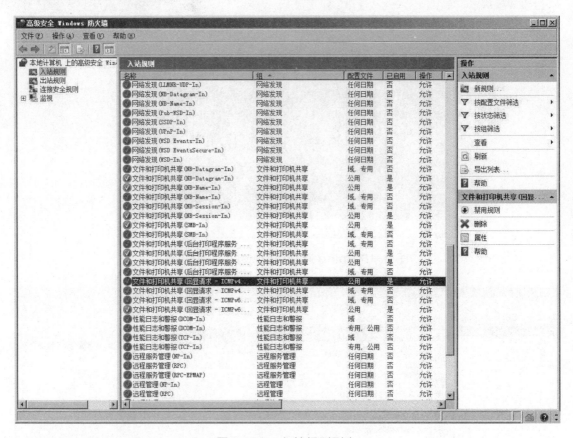

图 5-20　入站规则列表

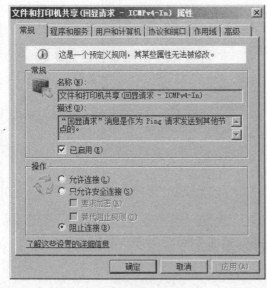

图 5-21　属性设置

图 5-22　ping 不通 Windows2008 服务器

　　步骤 4：测试远程桌面连接。在王强专用的计算机上，使用"远程桌面连接"工具，测试与服务器的连接，如图 5-23 所示。

　　步骤 5：设置"高级安全 Windows 防火墙"，允许王强的计算机远程桌面连接到服务器。

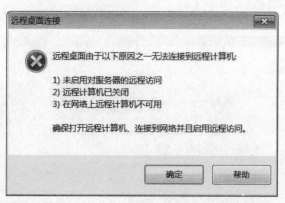

图 5-23　"远程桌面连接"对话框

1）在服务器中，单击"开始"→"管理工具"→"高级安全 Windows 防火墙"命令，打开"高级安全 Windows 防火墙"窗口。点击左侧"入站规则"，在菜单栏中选择"操作"→"新规则"命令，进入"新建入站规则向导"对话框，如图 5-24 所示。

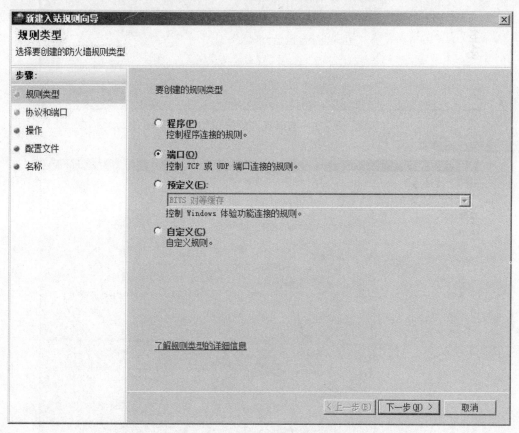

图 5-24　新建入站规则向导

2）在弹出的"新建入站规则向导"窗口，选择"协议和端口"，然后鼠标左键单击"下一步"按钮。而后选择"TCP"并设置特定本地端口为"3389"，下一步选择"允许连接"，如图 5-25 和图 5-26 所示。

3）下一步默认配置，在域、专用和公用网络中应用规则。再下一步填写规则名称，例如 RemoteDesktop，最后鼠标左键单击"完成"按钮。如图 5-27 和图 5-28 所示。

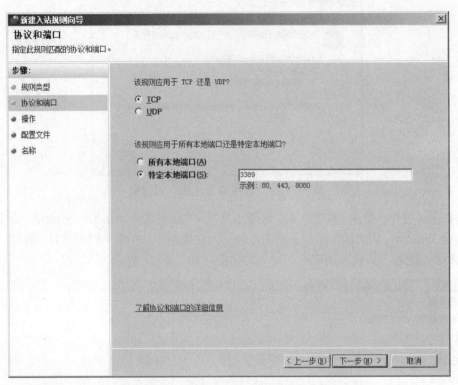

图 5-25　选择规则的协议和端口号

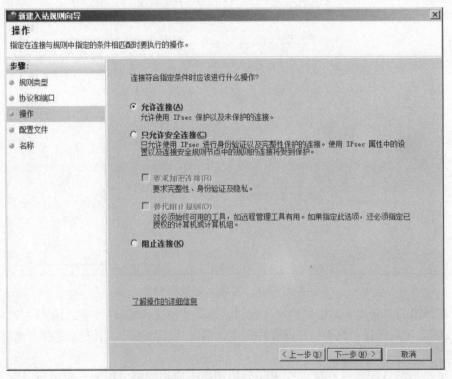

图 5-26　允许连接

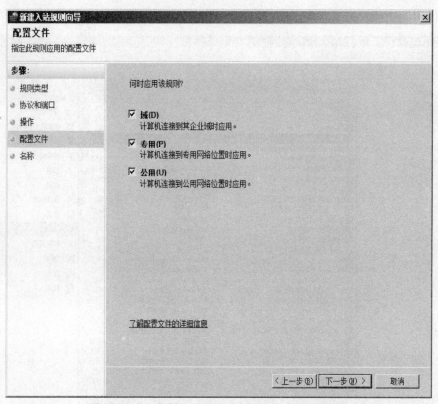

图 5-27　在域、专用和公用网络中应用规则

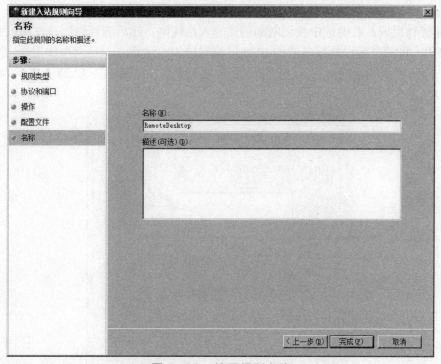

图 5-28　填写规则名称

4）刚刚添加的规则如图 5-29 所示。

以上步骤就是把 Windows 远程端口加入到高级安全 Windows 防火墙了，但是依然没有实现我们的限制访问，接下来实现访问限制：只允许王强的计算机远程桌面访问。

图 5-29　新建的规则

5）配置作用域，右键选中我们刚刚创建的入站规则，然后选择属性→作用域→远程 IP 地址→添加（将需要远程此服务器的 IP 地址填写进去，注意：一旦启用作用域，除了作用域里面的 IP 地址，别的地址将无法远程连接此服务器）。添加远程 IP 地址 192.168.1.100。如图 5-30 所示。

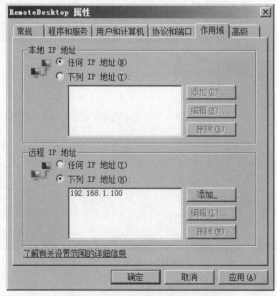

图 5-30　修改规则作用域

6）再次测试远程桌面连接。

在王强专用的计算机上，使用"远程桌面连接"工具，再次测试与服务器的连接，如图5-31所示，连接成功。如果用其他计算机远程桌面连接，则显示连接不成功。

图 5-31　远程登录成功

【知识链接】

防火墙策略

在"防火墙策略"中，可以通过定义防火墙规则，允许或拒绝对所连接网络、网站和服务器的访问，从而保护网络。总体来说，在"防火墙策略"中，创建的规则主要分为以下3种。

1）访问规则：允许从"源网络（通常为本地主机、内部）"到"目的网络（通常为外部、外围）"的访问。通常情况下，在访问规则中创建的都是出站访问，即从内部计算机到Internet 的访问。

2）Web 发布规则：控制对已发布的 Web 服务器的入站访问。

3）服务器发布规则：控制对已发布的非 Web 服务器的入站访问。

另外，与"防火墙策略"相对应的，还有"系统策略"。所谓"系统策略"，是指控制进出"本地主机网络（服务器）"的通信，以允许通过必需的通信和协议执行身份验证、享有域成员身份、执行网络诊断、日志记录和远程管理。

【拓展练习】

1）Windows 2008 高级防火墙如何实现允许被某一网段 ping 通，不允许被其他网段 ping 通？

2）阻止当前服务器主机访问其他 Web 服务器的设置是什么？

任务 4　防火墙分类：状态防火墙与无状态防火墙

【任务描述】

银河网络公司的一台 Linux 服务器需要实施防火墙加固。王强是该公司系统管理员，他希望通过配置 iptables 服务来实现以下几个要求：

  1）防止服务器被攻击，尽量使服务器信息流只出不进。

  2）服务器可以访问其他电脑的数据（能 ping 通其他电脑）。

  3）服务器可以使用 traceroute 命令列出访问路径上的路由列表。

【任务分析】

  管理员王强通过配置 Linux 防火墙来实现上述功能，打开 iptables 防火墙，设置响应的表、链、规则可实现上述要求，一定要掌握状态防火墙的 4 种状态：ESTABLISHED、NEW、RELATED 和 INVALID。

【任务实现】

  步骤 1：在服务器上开启防火墙，并查看防火墙状态。

  1）启动防火墙：#service iptables start

  2）防火墙的状态检测：#service iptables status 如图 5-32 所示，我们能清楚地看到防火墙的所有默认设置都是允许的（ACCEPT），包括 filter 表中的 INPUT 和 OUTPUT 链。

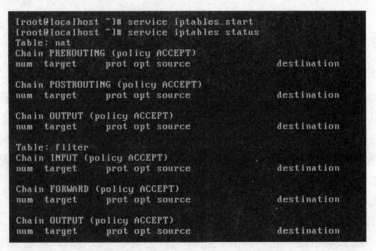

图 5-32 "Linux 防火墙"窗口

  步骤 2：设置服务器防火墙，使服务器信息流只出不进。

  1）清空 filter 表中所有规则：iptables –F

  2）设置进入服务器的数据默认丢弃：iptables –P INPUT DROP

  3）设置从服务器出去的数据默认允许：iptables –P OUTPUT ACCEPT

  4）设置要转发的数据默认允许：iptables –P FORWARD ACCEPT

  5）查看 filter 表中所有规则：iptables –L 执行结果如图 5-33 所示。

  步骤 3：测试服务器能否 ping 通客户机。

  1）在服务器上执行 ping 192.168.1.151 命令，执行结果如图 5-34 所示。

  这时为什么不能 ping 通客户机呢？服务器设置了信息流只出不进，ping 数据包是出去的包应该是放行的，但是客户机返回的应答数据包是不允许进来的，所以 ping 不通客户机。

```
[root@localhost ~]# iptables -F
[root@localhost ~]# iptables -P INPUT DROP
[root@localhost ~]# iptables -P OUTPUT ACCEPT
[root@localhost ~]# iptables -P FORWARD ACCEPT
[root@localhost ~]# iptables -L
Chain INPUT (policy DROP)
target     prot opt source               destination

Chain FORWARD (policy ACCEPT)
target     prot opt source               destination

Chain OUTPUT (policy ACCEPT)
target     prot opt source               destination
[root@localhost ~]# _
```

图 5-33　设置防火墙，使信息流只出不进

```
[root@localhost ~]# ping 192.168.1.151
PING 192.168.1.151 (192.168.1.151) 56(84) bytes of data.
^C
--- 192.168.1.151 ping statistics ---
10 packets transmitted, 0 received, 100% packet loss, time 9346ms

[root@localhost ~]# _
```

图 5-34　测试服务器，这时不能 ping 通客户机

步骤 4：设置服务器防火墙，使已建立连接的电脑（这个连接的两端都已经有数据发送，上述题目已产生发包和回包）数据允许进入服务器，这种已建立连接的状态叫ESTABLISHED 状态。

1）在服务器上新建规则允许已经连接的数据进入：

iptables –A INPUT –m state —state ESTABLISHED –j ACCEPT

2）查看 filter 表中所有规则 :iptables – L 执行结果如图 5-35 所示。

```
[root@localhost ~]# iptables -A INPUT -m state --state ESTABLISHED -j ACCEPT
[root@localhost ~]# iptables -L
Chain INPUT (policy DROP)
target     prot opt source               destination
ACCEPT     all  --  anywhere             anywhere             state ESTABLISHED

Chain FORWARD (policy ACCEPT)
target     prot opt source               destination

Chain OUTPUT (policy ACCEPT)
target     ○ prot opt source            destination
[root@localhost ~]# _
```

图 5-35　设置防火墙，使已建立连接的信息流进入

当 ESTABLISHED 状态启动后，state 模块将会允许任何由本机对外请求时所响应回来的封包可以正常穿越防火墙，响应到服务的请求端。

步骤 5：再次测试服务器能否 ping 通客户机。

在服务器上执行 ping 192.168.1.151 命令，这时应该能 ping 通服务器，执行结果如图 5-36所示。

步骤 6：测试访问客户机路径上的路由列表。

1）接着在服务器主机上执行 "traceroute 192.168.1.151"，但得到的结果应该是失败的，

如图 5-37 所示。

```
[root@localhost ~]# ping 192.168.1.151
PING 192.168.1.151 (192.168.1.151) 56(84) bytes of data.
64 bytes from 192.168.1.151: icmp_seq=1 ttl=64 time=0.520 ms
64 bytes from 192.168.1.151: icmp_seq=2 ttl=64 time=0.545 ms
64 bytes from 192.168.1.151: icmp_seq=3 ttl=64 time=0.587 ms
64 bytes from 192.168.1.151: icmp_seq=4 ttl=64 time=0.566 ms
64 bytes from 192.168.1.151: icmp_seq=5 ttl=64 time=0.596 ms
```

图 5-36　测试服务器，这时能 ping 通客户机

```
[root@localhost ~]# traceroute 192.168.1.151
traceroute to 192.168.1.151 (192.168.1.151), 30 hops max, 60 byte packets
 1  * * *
 2  * * *
 3  * * *
 4  * * *
 5  * * *
 6  *^C
[root@localhost ~]# _
```

图 5-37　跟踪路由失败

为什么 ping 命令可以正常执行，但 traceroute 却会失败？原因在于，响应给 traceroute 的封包应该属于 RELATED 状态，而非 ESTABLISHED 状态的封包，RELATED 状态说明包正在建立一个新的连接（但还没建立成功），这个连接是和一个已建立的连接相关的。因此，如果要让 traceroute 指令可以正常执行，应该开放 RELATED 状态的封包可以正常返回即可。

2）在服务器上执行 iptables –A INPUT –p all –m state –state RELATED –j ACCEPT 命令，接着执行 traceroute 192.168.1.151，这时跟踪路由成功。执行结果如图 5-38 所示。

```
[root@localhost ~]# iptables -A INPUT -p all -m state --state RELATED -j ACCEPT
[root@localhost ~]# traceroute 192.168.1.151
traceroute to 192.168.1.151 (192.168.1.151), 30 hops max, 60 byte packets
 1  192.168.1.151 (192.168.1.151)  0.418 ms  0.377 ms  0.304 ms
[root@localhost ~]# _
```

图 5-38　设置 RELATED 状态接收后跟踪路由成功

➤ 任务拓展

为了使服务器更安全，策略从信息默认只出不进，改为默认不出也不进，但允许新的连接状态数据通过防火墙。

步骤 1：在服务器上开启防火墙，并查看防火墙状态。

1）将 OUTPUT 链的默认操作设定为丢弃：iptables - P OUTPUT DROP

2）测试与客户机连通情况，在服务器上执行 ping 192.168.1.151 命令，执行结果如图 5-39 所示。

```
[root@localhost ~]# iptables -P OUTPUT DROP
[root@localhost ~]# ping 192.168.1.151
PING 192.168.1.151 (192.168.1.151) 56(84) bytes of data.
ping: sendmsg: Operation not permitted
ping: sendmsg: Operation not permitted
ping: sendmsg: Operation not permitted
ping: sendmsg: Operation not permitted
```

图 5-39　不能 ping 通客户机

步骤 2：在服务器上设置防火墙，允许新数据包通过。

1）允许新数据包通过：iptables –A OUTPUT –p all –m state --state NEW –j ACCEPT

2）测试与客户机连通情况，在服务器上执行 ping 192.168.1.151 命令，执行结果如图 5-40

所示，第一条数据能 ping 通，后面的数据 ping 不通。

```
[root@localhost ~]# iptables -A OUTPUT -p all -m state --state NEW -j ACCEPT
[root@localhost ~]# ping 192.168.1.151
PING 192.168.1.151 (192.168.1.151) 56(84) bytes of data.
64 bytes from 192.168.1.151: icmp_seq=1 ttl=64 time=0.356 ms
ping: sendmsg: Operation not permitted
ping: sendmsg: Operation not permitted
ping: sendmsg: Operation not permitted
ping: sendmsg: Operation not permitted
```

图 5-40　允许新数据包通过

这是因为第一个封包刚好就是 NEW 状态的封包，因此符合防火墙的规则而正常传送给客户机，但是当这个封包成功穿越防火墙之后，该条连接上的所有封包即会变为 ESTABLISHED 状态的封包，所以在第一个封包以后的所有封包的状态都会是 ESTABLISHED，便不符合防火墙的规则而正常进出了。

3）允许已建立连接状态的数据通过：

iptables –A OUTPUT –p all –m state ––state ESTABLISHED –j ACCEPT

4）再次在服务器上执行 ping 192.168.1.151 命令，执行结果如图 5-41 所示，连接成功。

```
[root@localhost ~]# iptables -A OUTPUT -p all -m state --state ESTABLISHED -j AC
CEPT
[root@localhost ~]# ping 192.168.1.151
PING 192.168.1.151 (192.168.1.151) 56(84) bytes of data.
64 bytes from 192.168.1.151: icmp_seq=1 ttl=64 time=0.615 ms
64 bytes from 192.168.1.151: icmp_seq=2 ttl=64 time=0.262 ms
64 bytes from 192.168.1.151: icmp_seq=3 ttl=64 time=0.533 ms
64 bytes from 192.168.1.151: icmp_seq=4 ttl=64 time=0.479 ms
```

图 5-41　允许已建立连接状态数据包通过

以上任务叙述的是状态防火墙，本节不再叙述无状态防火墙，无状态防火墙如包过滤等请参照任务 2 Linux 防火墙。

【知识链接】

状态防火墙有 4 种状态：ESTABLISHED、NEW、RELATED 和 INVALID。

ESTABLISHED 意思是包是完全有效的，而且属于一个已建立的连接，这个连接的两端都已经有数据发送。NEW 表示包将要或已经开始建立一个新的连接，或者是这个包和一个还没有在两端都有数据发送的连接有关。RELATED 说明包正在建立一个新的连接，这个连接是和一个已建立的连接相关的。比如，FTP data tracert、ICMP error 和一个 TCP 或 UDP 连接相关。INVALID 意味着这个包没有已知的流或连接与之关联，也可能是它包含的数据或包头有问题。

由于 INVALID 状态的封包需要通过某些特别的方法才能产生，这个实验已超出本书的讨论范围，故笔者在此并不介绍产生 INVALID 状态封包的方法，若有兴趣可自行去寻找一些网络工具。至于 INVALID 状态，请记得，在防火墙规则的第一行中就应该去掉这些不合理的封包，以提高防火墙的安全性。

【拓展练习】

1）设置允许已建立连接状态的数据通过，不允许新的状态数据通过。

2）为了使服务器更安全，如何实现策略信息为默认不出也不进，但允许新的连接状态数据通过防火墙？

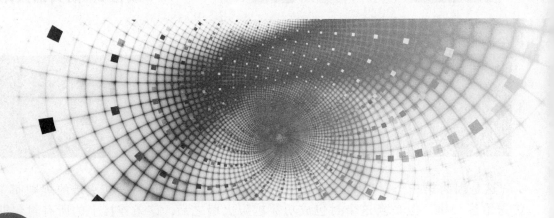

项目 6 隧道与入侵检测

隧道技术是一种数据包封装技术，它是将原始 IP 包（其报头包含原始发送者和最终目的地）封装在另一个数据包（称为封装的 IP 包）的数据净荷中进行传输，主要隧道技术包括三层隧道技术与二层隧道技术等。

网络安全还有一类是入侵检测系统，是在发生入侵时检测出公司安全的状况。

 任务 1 IPSec VPN

【任务描述】

银河网络公司的总公司与分公司网络需要进行远程联网。王强是该公司系统管理员，他希望通过专线进行连接，但由于专线联网太贵，于是他准备采用站点到站点 VPN 方式进行联网。

【任务分析】

随着企业异地化、全球化的发展，异地办公的需要越来越广泛，为了共享资源、处理事务，需要将分布在不同地方的公司部门通过网络互联起来。假如通过互联网直接连接起来，会将整个公司的内部网络资源暴露在互联网之下，造成巨大的安全隐患。为了消除安全隐患，有两种解决方案，一种是在不同地区的公司部门之间架设专门的物理线路（或租用 ISP 物理线路）；另一种方案是采用虚拟专用网络 VPN（Virtual Private Network）技术，在公用因特网上建立起一条虚拟的、加密的、安全的专业通道。IPSec VPN 就是其中一种 VPN 技术。

本任务实施的具体步骤如下：

1）定义需要保护的数据流（感兴趣的数据流）。

2）定义 isakmp 密钥交换策略。

3）定义预共享密钥。

4）定义 IPSec 转换集。

5）定义 crypto map 关联 IPSec–isakmp。

6）在出接口上放置 crypto map。

【任务实现】

请按照如下操作步骤完成 IPSec VPN。

步骤 1：模拟公司网络环境。

路由器 R0 模拟总公司出口路由器，路由器 R2 模拟分公司路由器，路由器 R1 模拟公网路由器，配置路由器接口 IP 地址、路由等，如图 6-1 所示。

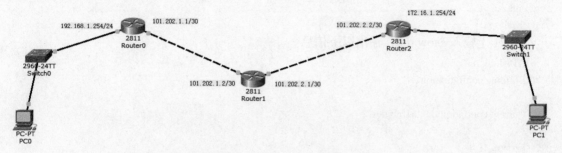

图 6-1　模拟公司网络环境

步骤 2：模拟公司网络环境配置确认。

在 R0 上 show run，输出以下信息。

```
R0#show run
Building configuration...

Current configuration : 557 bytes
!
version 12.4
no service timestamps log datetime msec
no service timestamps debug datetime msec
no service password-encryption
!
hostname R0
!
spanning-tree mode pvst
!
interface FastEthernet0/0
 ip address 101.202.1.1 255.255.255.252
 duplex auto
 speed auto
!
interface FastEthernet0/1
 ip address 192.168.1.254 255.255.255.0
 duplex auto
 speed auto
!
interface Vlan1
 no ip address
 shutdown
!
ip classless
```

```
ip route 0.0.0.0 0.0.0.0 101.202.1.2
line con 0
!
line aux 0
!
line vty 0 4
 login
end
R0#
```

在 R1 上输入 show run，输出以下信息。

```
R1#show run
Building configuration...

Current configuration : 515 bytes
!
version 12.4
no service timestamps log datetime msec
no service timestamps debug datetime msec
no service password-encryption
!
hostname R1
!
spanning-tree mode pvst
!
interface FastEthernet0/0
 ip address 101.202.1.2 255.255.255.252
 duplex auto
 speed auto
!
interface FastEthernet0/1
 ip address 101.202.2.1 255.255.255.252
 duplex auto
 speed auto
!
interface Vlan1
 no ip address
 shutdown
!
ip classless
!
line con 0
!
line aux 0
!
line vty 0 4
 login
!
end
R1#
```

在 R2 上输入 show run，输出以下信息。

```
R2#show run
Building configuration...

Current configuration : 552 bytes
!
version 12.4
no service timestamps log datetime msec
no service timestamps debug datetime msec
no service password-encryption
!
hostname R2
!
spanning-tree mode pvst
!
interface FastEthernet0/0
 ip address 172.16.1.254 255.255.255.0
 duplex auto
 speed auto
!
interface FastEthernet0/1
 ip address 101.202.2.2 255.255.255.252
 duplex auto
 speed auto
!
interface Vlan1
 no ip address
 shutdown
!
ip classless
ip route 0.0.0.0 0.0.0.0 101.202.2.1
!
line con 0
!
line aux 0
!
line vty 0 4
 login
!
end
R2#
```

步骤 3：配置 R0 上的感兴趣数据流。

在 R0 上进入全局配置模式，输入 R0(config)#access-list 101 permit ip 192.168.1.0 0.0.0.255 172.16.1.0 0.0.0.255，如图 6-2 所示。

```
R0(config)#access-list 101 permit ip 192.168.1.0 0.0.0.255 172.16.1.0 0.0.0.255
R0(config)#
```

图 6-2　在 R0 上配置感兴趣的数据流

步骤4：在 R0 上定义 isakmp 密钥交换策略。

isakmp 密钥交换策略为预共享密钥，使用 DES 加密算法，指定 MD5 哈希算法，如图 6-3 所示。

```
R0(config)#crypto isakmp policy 101
R0(config-isakmp)#authentication pre-share
R0(config-isakmp)#encryption des
R0(config-isakmp)#group 2
R0(config-isakmp)#hash md5
R0(config-isakmp)#
```

图 6-3　isakmp 密钥交换策略

步骤5：在 R0 上设置预共享密钥和对端地址，如图 6-4 所示。

```
R0(config)#crypto isakmp key 123456 address 101.202.2.2
R0(config)#
```

图 6-4　预共享密钥和对端地址设置

步骤6：在 R0 上定义 IPSec 转换集。

创建 IPSec 转换集为 VPN，采用 ESP 模式，加密采用 DES，哈希采用 MD5 方式，如图 6-5 所示。

```
R0(config)#crypto ipsec transform-set vpn esp-des esp-md5-hmac
R0(config)#
```

图 6-5　IPSec 转换集

步骤7：在 R0 上定义加密映射。

创建加密映射名为 vpn_map，设置感兴趣的数据流为 101 的 ACL，设置对端地址 101.202.2.2，配置转换集为 vpn，如图 6-6 所示。

```
R0(config)#crypto map vpn_map 101 ipsec-isakmp
R0(config-crypto-map)#match address 101
R0(config-crypto-map)#set peer 101.202.2.2
R0(config-crypto-map)#set transform-set vpn
R0(config-crypto-map)#
```

图 6-6　加密映射

步骤8：在 R0 的出接口上配置加密映射。

在 R0 上进入接口配置模式，并输入 crypto map vpn_map，如图 6-7 所示。

```
R0(config)#int fa0/0
R0(config-if)#crypt map vpn_map
*Jan  3 07:16:26.785: %CRYPTO-6-ISAKMP_ON_OFF: ISAKMP is ON
R0(config-if)#
```

图 6-7　出接口上配置加密映射

步骤9：配置 R2 上的感兴趣数据流。

在 R0 上进入全局配置模式，输入 R2(config)#access-list 101 permit ip 172.16.1.0 0.0.0.255 192.168.1.0 0.0.0.255，如图 6-8 所示。

```
R2(config)#access-list 101 permit ip 172.16.1.0 0.0.0.255 192.168.1.0 0.0.0.255
R2(config)#
R2(config)#
```

图 6-8　在 R2 上配置感兴趣的数据流

步骤 10：在 R2 上定义 isakmp 密钥交换策略。

ISAKMP 密钥交换策略为预共享密钥，使用 DES 加密算法，指定 MD5 哈希算法，如图 6-9 所示。

```
R2(config)#crypto isakmp policy 101
R2(config-isakmp)#authentication pre-share
R2(config-isakmp)#encryption des
R2(config-isakmp)#group 2
R2(config-isakmp)#hash md5
R2(config-isakmp)#
```

图 6-9　isakmp 密钥交换策略

步骤 11：在 R2 上设置预共享密钥和对端地址，如图 6-10 所示。

```
R2(config)#crypto isakmp key 123456 address 101.202.1.1
R2(config)#
```

图 6-10　预共享密钥和对端地址设置

步骤 12：在 R2 上定义 IPSec 转换集。

创建 IPSec 转换集为 VPN，采用 ESP 模式，加密采用 DES，哈希采用 MD5 方式，如图 6-11 所示。

```
R2(config)#crypto ipsec transform-set vpn esp-des esp-md5-hmac
R2(config)#
```

图 6-11　IPSec 转换集

步骤 13：在 R2 上定义加密映射。

创建加密映射名为 vpn_map，设置感兴趣的数据流为 101 的 ACL，设置对端地址 101.202.1.1，配置转换集为 VPN，如图 6-12 所示。

```
R2(config)#crypto map vpn_map 101 ipsec-isakmp
R2(config-crypto-map)#match address 101
R2(config-crypto-map)#set peer 101.202.1.1
R2(config-crypto-map)#set transform-set vpn
R2(config-crypto-map)#
```

图 6-12　加密映射

步骤 14：在 R2 的出接口上配置加密映射。

在 R2 上进入接口配置模式，并输入 crypt map vpn_map，如图 6-13 所示。

```
R2(config)#int fa0/1
R2(config-if)#crypt map vpn_map
*Jan  3 07:16:26.785: %CRYPTO-6-ISAKMP_ON_OFF: ISAKMP is ON
R2(config-if)#
R2(config-if)#
```

图 6-13　接口上配置加密映射

步骤 15：测试总公司与分公司之间的连通性。

在 PC0 上通过 ping 测试 PC1 之间的连通性，如图 6-14 所示。

步骤 16：检查总公司路由器与分公司路由器 SA。

在 R0 上检查总公司路由器的 SA，然后在 R2 上检查分公司路由器的 SA，如图 6-15 所示。

```
PC>ping 172.16.1.1

Pinging 172.16.1.1 with 32 bytes of data:

Request timed out.
Request timed out.
Request timed out.
Reply from 172.16.1.1: bytes=32 time=0ms TTL=126

Ping statistics for 172.16.1.1:
    Packets: Sent = 4, Received = 1, Lost = 3 (75% loss),
Approximate round trip times in milli-seconds:
    Minimum = 0ms, Maximum = 0ms, Average = 0ms

PC>
```

图 6-14　ping 测试

```
R0#show crypto isakmp sa
IPv4 Crypto ISAKMP SA
dst              src              state          conn-id slot status
101.202.2.2      101.202.1.1      QM_IDLE           1027     0 ACTIVE

IPv6 Crypto ISAKMP SA


R2#show crypto isakmp sa
IPv4 Crypto ISAKMP SA
dst              src              state          conn-id slot status
101.202.1.1      101.202.2.2      QM_IDLE           1049     0 ACTIVE

IPv6 Crypto ISAKMP SA
```

图 6-15　路由器 SA

通过上述的配置实验，可以看出总公司与分公司之间已经可以通信，在 Internet 中建立 VPN 来组建网络是安全、经济的。因此实验得出的结论是：公司管理员王强使用 IPSec VPN 来构建公司网络是可行的。

【知识链接】

1. IPSec VPN

IPSec VPN 是 IETF 为保证在 Internet 上传送数据的安全保密性而制订的框架协议，是一种开放的框架式协议（各算法之间相互独立）。它提供了信息的机密性、数据的完整性、用户的验证和防重放保护，支持隧道模式和传输模式 IPSec VPN 的配置，该协议应用在网络层，用于保护和认证 IP 数据包。

1）隧道模式：隧道模式中，IPSec VPN 对整个 IP 数据包进行封装和加密，隐蔽了源和目的 IP 地址，从外部看不到数据包的路由过程。

2）传输模式：传输模式中，IPSec VPN 只对 IP 有效数据载荷进行封装和加密，IP 源和目的 IP 地址不加密，传送安全程度相对较低。

3）安全套接层（Secure Sockets Layer，SSL）或传输层安全（Transport Layer Security，

TLS）这类协议提供会话层机密性。

4）安全电子邮件、安全数据库会话（Oracle SQL * net）和安全消息传递（Lotus Notes 会话）提供应用层机密性。

2. AH 协议

AH（Authentication Header）认证头协议，用于隧道中报文的数据源鉴别和数据完整性保护，对每组 IP 包进行认证，防止黑客利用 IP 进行攻击。

3. ESP

ESP（Encapsulation Security Payload）封装安全载荷协议，用于保证数据的保密性，提供报文的认证性和完整性保护。

4. IKE 协议

IKE 属于一种混合型协议，由 Internet 安全关联和密钥管理协议（ISAKMP）和两种密钥交换协议 OAKLEY 与 SKEME 组成。IKE 创建在由 ISAKMP 定义的框架上，沿用了 OAKLEY 的密钥交换模式以及 SKEME 的共享和密钥更新技术，还定义了它自己的两种密钥交换方式：主要模式和积极模式。

【拓展练习】

通过 Wireshark 抓取 IPSec VPN 数据包并验证是否是明文通信。

 任务 2 L2TP VPN

【任务描述】

银河网络公司的总公司与分公司网络需要进行远程联网。王强是该公司系统管理员，他希望通过专线进行连接，但由于专线联网太贵，于是他准备采用 L2TP VPN 方式进行联网。

【任务分析】

随着企业异地化、全球化的发展，异地办公的需要越来越广泛，为了共享资源、处理事务，需要将分布在不同地方的公司部门通过网络互联起来。假如通过互联网直接连接起来，会将整个公司的内部网络资源暴露在互联网之下，造成巨大的安全隐患。为了消除安全隐患，有两种解决方案，一种是在不同地区的公司部门之间架设专门的物理线路（或租用 ISP 物理线路）；另一种方案是采用虚拟专用网络 VPN（Virtual Private Network）技术，在公用因特网上建立起一条虚拟的、加密的、安全的专业通道。L2TP VPN 就是其中一种 VPN 技术。

【任务实现】

请按照如下操作步骤完成 L2TP VPN。

步骤1：模拟公司网络环境。

路由器 R0 模拟总公司出口路由器，路由器 R2 模拟分公司路由器，路由器 R1 模拟公网路由器，配置路由器接口 IP 地址、路由等，如图 6-16 所示。

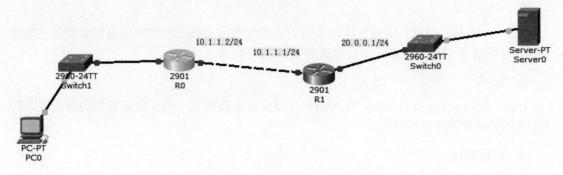

图 6-16 模拟公司网络环境

步骤2：在 R0 上配置如下：

```
conf t
int fa0/0
no sh
ip addr 10.1.1.2 255.255.255.0
exit
username LAC password     password
username LNS passowrd     password          #注意：两次密码必需相同
vpdn enable
vpdn-group 1
accept-dialin 1
protocol l2tp
virtual-template 1
initiate-to ip 10.1.1.1          #指向 tunnel 别一端的 ip 地址
                                 #如果是自愿 tunnel mode 则不需要这条语句
exit
terminate-from hostname LNS    #对方的 host 名称，自愿 tunnel mode 测则不需要这条语句
local name LAC
```

步骤3：在 R1 上的配置如下：

```
conf t
int fa0/0
no sh
ip addr 10.1.1.1 255.255.255.0
int s0/0
no sh
ip addr 20.0.0.1 255.255.255.0
clock r 9600
username LAC password     password
username LNS passowrd     password



vpdn enable
```

```
vpdn-group 1
request-dialin
protocol l2tp
virtual-template 1
terminate-from hostname LAC
exit
local name LNS


int virtual-template 1
ip unnumber fa0/0
peer default ip address pool l2tp-pool
ppp authenticaton chap
exit
ip local pool l2tp-pool  192.168.2.1 192.168.2.10
```

步骤 4：测试。

通过上述的配置实验，可以看出总公司与分公司之间已经可以通信，在 Internet 中建立 VPN 来组建网络是安全、经济的。因此实验得出的结论是：公司管理员王强使用 L2TP VPN 来构建公司网络是可行的。

【知识链接】

L2TP VPN 是一种二层的 VPN，支持独立的 LAC 和客户 LAC 两种模式，它既可以用于实现 VPDN，也可以用于实现 Site-to-Site VPN 业务。在 L2TP VPN 中，隧道上传输的是 ppp 帧，可以进行隧道的验证和对用户的 pap 或是 chap 验证，可以实现点对网络的特性。

在独立 LAC 模式中，用户通过 PPPoE 拨号，拨入到 LAC 设备，这就相当于一个呼叫。这时如果隧道存在，那么 LAC 和 LNS 之间直接建立会话。如果隧道不存在那么 LAC 和 LNS 之间先建立控制连接和隧道，再建立会话。

隧道是由 LAC 设备发起建立的，会话可以由 LAC 设备发起建立，也可以由 LNS 设备发起建立。

L2TP 中的基本术语有以下 4 个。

1）呼叫：远程系统（用户）通过拨号到 LAC，这个连接就是一个 L2TP 呼叫。

2）隧道：存在于一对 LAC 和 LNS 之间，基于控制连接建立的基础，一个隧道包含 0 个或多个会话，隧道承载的是 L2TP 的控制消息和封装后的 ppp 帧，但 ppp 帧是采用 L2TP 封装格式进行传送的。

3）控制链接：存在于隧道内部，是建立、维护和释放隧道中的会话以及隧道的本身。

4）控制消息：在 LAC 和 LNS 之间进行交换，L2TP 的控制消息包含 AVP（属性值对），AVP 是一系列的属性及其具体值。控制消息通过其携带的 AVP 使隧道两端设备能沟通信息、管理会话和隧道。

L2TP 的封装规则如下所示。在 L2TP 中，控制通道和数据通道都采用 L2TP 头格式，只是其中的具体字段不同。以 type 位表明本消息的类型，值为 1 表示此消息是控制消息，值为 0 表示此消息是数据消息。

（1）如何创建一个 PPTP VPN 连接？

任务3　入侵检测系统

【任务描述】

假如防火墙是一幢大楼的门锁，那么 IDS 就是这幢大楼里的监视系统。一旦小偷爬窗进入大楼，或内部人员有越界行为，只有实时监视系统才能发现情况并发出警告。

在本质上，入侵检测系统（IDS）是一个典型的"窥探设备"。它不跨接多个物理网段（通常只有一个监听端口），无须转发任何流量，而只需要在网络上被动地、无声息地收集它所关心的报文即可。对收集来的报文，入侵检测系统提取相应的流量统计特征值，并利用内置的入侵知识库，与这些流量特征进行智能分析比较匹配。根据预设的阀值，匹配耦合度较高的报文流量将被认为是进攻，入侵检测系统将根据相应的配置进行报警或进行有限度的反击。

【任务分析】

入侵检测系统的工作原理类似于现实生活中的保安人员。只不过保安监测的是过往人员的可疑行为，入侵检测系统监测的是网络上的可疑活动。而与现实保安不同的是，入侵检测不会因打瞌睡或生病而失职。但这并不意味着入侵检测系统是万无一失的，任何系统都会有缺陷，入侵检测系统也不例外。大多数的入侵检测系统都不只是单一的应用程序或者硬件设备，它们一般由如下 5 个部分构成。

1）网络探测器：探测并发送数据。

2）中央监控系统：处理并分析探测器发来的数据。

3）报告解析器：对于处理某一特定的事件提供相关信息。

4）数据库和存储部分：进行数据流分析，存储进攻者 IP 地址等相关信息。

5）响应盒子：从以上几部分收集信息并生成一个合适的应对办法。

【任务实现】

请按照如下操作步骤完成 Snort 安装。

步骤 1：服务器基本配置。

打开 CentOS 虚拟机，设置 IP 地址为 172.16.10.1/24，操作命令为 ifconfig eth0 172.16.2.1/24，再使用 ifconfig eth0 命令进行检验，如图 6–17 所示。

步骤 2：安装 Snort 依赖软件。

```
yum install flex bison –y
yum install libpcap libpcap–devel –y

wget https://nchc.dl.sourceforge.net/project/libdnet/libdnet/libdnet–1.11/libdnet–1.11.tar.gz
tar –zxf libdnet–1.11.tar.gz
cd libdnet–1.11
./configure && make && make install,
```

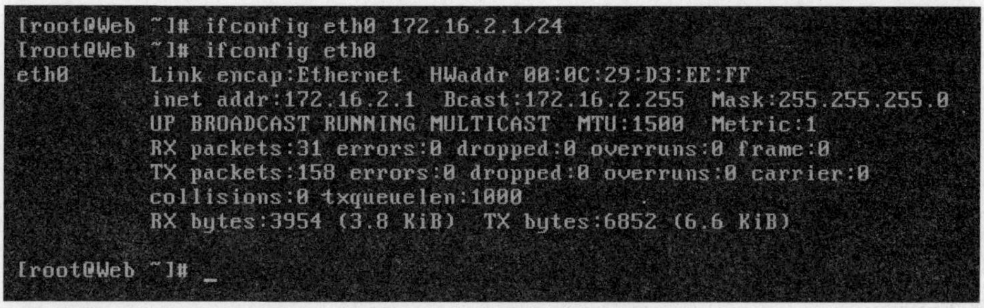

```
[root@Web ~]# ifconfig eth0 172.16.2.1/24
[root@Web ~]# ifconfig eth0
eth0      Link encap:Ethernet  HWaddr 00:0C:29:D3:EE:FF
          inet addr:172.16.2.1  Bcast:172.16.2.255  Mask:255.255.255.0
          UP BROADCAST RUNNING MULTICAST  MTU:1500  Metric:1
          RX packets:31 errors:0 dropped:0 overruns:0 frame:0
          TX packets:158 errors:0 dropped:0 overruns:0 carrier:0
          collisions:0 txqueuelen:1000
          RX bytes:3954 (3.8 KiB)  TX bytes:6852 (6.6 KiB)

[root@Web ~]# _
```

图 6-17　IP 地址的设置

步骤 3：安装 daq。

wget https://www.snort.org/downloads/snort/daq-2.0.6.tar.gz

tar -zxf daq-2.0.6.tar.gz

cd daq-2.0.6

./configure

make

make install

步骤 4：安装 Snort。

wget https://www.snort.org/downloads/snort/snort-2.9.11.tar.gz

tar -zxf snort-2.9.11.tar.gz

cd snort-2.9.11

./configure --enable-sourcefire

make

make install

步骤 5：安装规则。

mkdir -p /etc/snort/rules

wget https://www.snort.org/downloads/community/community-rules.tar.gz

tar -zxf community-rules.tar.gz -C /etc/snort/rules

通过上述实验，可以看出 Snort 软件在网络管理过程中，能帮助管理员发现网络问题，从而提高安全性。

【知识链接】

1. IDS

IDS 是英文"Intrusion Detection Systems"的缩写，中文意思是"入侵检测系统"。专业上讲就是依照一定的安全策略，对网络、系统的运行状况进行监视，尽可能发现各种攻击企图、攻击行为或者攻击结果，以保证网络系统资源的机密性、完整性和可用性。

2. Snort 软件

对于网络安全而言，入侵检测是一件非常重要的事，入侵检测系统（IDS）用于检测网络中非法与恶意的请求。Snort 是一款知名的开源的入侵检测系统，其 Web 界面（Snorby）可以用于更好地分析警告。Snort 使用 iptables/pf 防火墙来作为入侵检测系统。Snort 在 Windows 和 Linux 平台上均可安装运行。Ubuntu 作为一个以桌面应用为主的 Linux 操作系统，同样也可以安装 Snort。

Snort 软件一共有以下 3 种工作模式。

（1）嗅探器模式。所谓的嗅探器模式就是 Snort 从网络上读出数据包然后显示在你的控制台上。首先，我们从最基本的用法入手。如果你只要把 TCP/IP 包头信息打印在屏幕上，只需要输入下面的命令：

./snort –v

使用这个命令将使 Snort 只输出 IP 和 TCP/UDP/ICMP 的包头信息。如果你要看应用层的数据，可以使用：

./snort –vd

这条命令使 Snort 在输出包头信息的同时显示包的数据信息。如果你还要显示数据链路层的信息，就使用下面的命令：

./snort –vde

注意这些选项开关还可以分开或者任意结合在一块写。例如下面的命令就和上面最后的一条命令等价：

./snort –d –v – e

（2）记录器模式。如果要把所有的包记录到硬盘上，你需要指定一个日志目录，Snort 就会自动记录数据包：

./snort –dev –l ./log

当然，./log 目录必须存在，否则 Snort 就会报告错误信息并退出。当 Snort 在这种模式下运行时，它会记录所有看到的包并将其放到一个目录中，这个目录以数据包目的主机的 IP 地址命名，例如：192.168.10.1。

如果只指定了 –l 命令开关，而没有设置目录名，Snort 有时会使用远程主机的 IP 地址作为目录，有时会使用本地主机 IP 地址作为目录名。为了只对本地网络进行日志记录，你需要给出本地网络：

./snort –dev –l ./log –h 192.168.1.0/24

这个命令告诉 Snort 把进入 C 类网络 192.168.1 的所有包的数据链路、TCP/IP 以及应用层的数据记录到目录 ./log 中。

如果你的网络速度很快，或者你想使日志更加紧凑以便以后的分析，那么应该使用二进制的日志文件格式。所谓的二进制日志文件格式就是 tcpdump 程序使用的格式。使用下面的命令可以把所有的包记录到一个单一的二进制文件中：

./snort –l ./log –b

注意此处的命令行和上面的有很大的不同。我们无须指定本地网络，因为所有的东西都被记录到一个单一的文件。你也不必冗余模式或者使用 –d、–e 功能选项，因为数据包中的所有内容都会被记录到日志文件中。

用户可以使用任何支持 tcpdump 二进制格式的嗅探器程序从这个文件中读出数据包，例如 tcpdump 或者 Ethereal。使用 –r 功能开关，也能使 Snort 读出包的数据。Snort 在所有运行模式下都能够处理 tcpdump 格式的文件。例如，如果你想在嗅探器模式下把一个 tcpdump 格式的二进制文件中的包打印到屏幕上，可以输入下面的命令：

./snort –dv –r packet.log

在日志包和入侵检测模式下，通过 BPF（BSD Packet Filter）接口，你可以使用许多方式维护日志文件中的数据。例如，你只想从日志文件中提取 ICMP 包，只需要输入下面的命令行：

./snort –dvr packet.log icmp

（3）网络入侵检测模式。Snort 最重要的用途是作为网络入侵检测系统（NIDS），使用下面的命令行可以启动这种模式：

./snort –dev –l ./log –h 192.168.1.0/24 –c snort.conf

snort.conf 是规则集文件。Snort 会对每个包和规则集进行匹配，发现这样的包就采取相应的行动。如果你不指定输出目录，Snort 就输出到 /var/log/snort 目录。

注意：如果你想长期使用 Snort 作为自己的入侵检测系统，最好不要使用 –v 选项。因为使用这个选项，使 Snort 向屏幕上输出一些信息，会大大降低 Snort 的处理速度，从而在向显示器输出的过程中丢弃一些包。

此外在绝大多数情况下，也没有必要记录数据链路层的包头，所以 –e 选项也可以不用。

./snort –d –h 192.168.1.0/24 –l ./log –c snort.conf

这是使用 Snort 作为网络入侵检测系统最基本的形式，日志符合规则的包，以 ASCII 形式保存在有层次的目录结构中。

【拓展练习】

1. 按图 6-18 所示，安装一个 Snort 主机。
（1）请在 Snort 主机上安装 Snort 软件。
（2）请将 Snort 规划数据库安装到系统中。
（3）将 Snort 设定为单机型的入侵检测系统。
（4）启动 Snort 入侵检测系统。
（5）请在 CentOS 主机上以 nmap 对 Snort 主机进行 portscan 的攻击操作。
（6）结果验证：查看 /var/log/snort/eth0 目录下看到 alert 的记录文件。

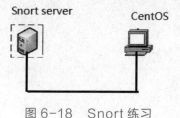

图 6-18　Snort 练习

参 考 文 献

[1] 陈勇勋. 更安全的 Linux 网络 [M]. 北京：电子工业出版社，2009.

[2] Vijay Bollarpragada，Mohamed Khalid. IPSec VPN 设计 [M]. 北京：人民邮电出版社，2012.

[3] Diane Teare. CCNP ROUTE（642–902）学习指南 [M]. 北京：人民邮电出版社，2011.

[4] Amir Ranjbar. CCNP TSHOOT（300–135）学习指南 [M]. 北京：人民邮电出版社，2015.

[5] 戴有炜. Windows Server 2008 R2 网络管理与架站 [M]. 北京：清华大学出版社，2011.

[6] 林聪太. 计算机网络项目实训 [M]. 北京：科学出版社，2016.